Secretos de Los Vientos

Crónicas Del Descubrimiento De La Odisea Galáctica De La Tierra

Por

Johnny Tesone

Dedicatoria

Para los científicos, artistas, deportistas y educadores hipercuriosos y ultracreativos del pasado, presente y futuro.

Agradecimientos

A mi madre, Lois—gracias por tu intelecto, gracia y amor. A mi padre, Fred ("Coach", QEPD), por tu pasión por la naturaleza, tu guía en la preparación y el rendimiento, y por nuestro tiempo para cazar puntas de flecha, pescar y acampar.

Para mi hermano Tom (QEPD)—tu espíritu tranquilo y tu naturaleza competitiva todavía me guían en el agua.

A mi primo Vince Tesone (QEPD)—quien me convenció de que la geología y el fútbol en la Universidad de Wyoming eran el camino a seguir.

Para Mike Scialla—mi mejor compañero de pesca y mi confidente más sabio.

Para Doug Thompson—amigo, compañero de equipo y el primero en impulsarme a escribir este libro.

Para Joe Childs—profesor de ciencias de octavo grado y entrenador de baloncesto que me enseñó a atar moscas perfectas para las truchas.

A mis profesores de geología y antropología de la Universidad de Wyoming.

A mis amigos nativos americanos del Valle de Wind River y de la Reserva India de Wind River.

A mi familia adoptiva argentina.

A Mike Montgomery (retirado), científico nuclear y mi primer crítico de libros—gracias por reconocer la escala de esta historia.

Y, por último, a la Serie *Viejo Oeste* de Time-Life Books, Google Earth, Wikipedia, la NASA, la ESA, el Telescopio Espacial James Webb (JWST) y el Telescopio Hubble—por sus invaluables contribuciones a este viaje de investigación.

Prólogo

Embárcate en un viaje impresionante con el libro *Secretos de los Vientos – Crónicas Del Descubrimiento De La Odisea Galáctica De La Tierra*, un avance visual y narrativo que desvela los secretos más profundos de la Tierra y sus extraordinarias conexiones con el cosmos.

Esto es más que un libro — es una emocionante expedición a los orígenes geológicos de la Tierra, la vida antigua y la historia cósmica. A través de pruebas revolucionarias, desafía las suposiciones científicas arraigadas e invita a los lectores a reimaginar la historia de nuestro planeta.

Viaja a través del tiempo y el terreno mientras el libro explora los eventos de extinción masiva de la Tierra, la desconcertante "Gran Discordancia" y los misteriosos avistamientos de fenómenos aéreos no identificados (OVNIs). Ofrece no solo conocimientos científicos, sino también pruebas visuales — una combinación convincente de fotografías y narraciones que pinta un nuevo y audaz panorama de la evolución y el destino de la Tierra.

Desde las antiguas profundidades oceánicas hasta los recientes acontecimientos geológicos, *Secretos de los Vientos* ofrece una visión completa y esclarecedora del dinámico pasado de la Tierra. En el centro de la narración se encuentra la "prueba irrefutable" de Yellowstone, una colosal formación geológica que entró en erupción durante la era Precámbrica, alterando para siempre la superficie de la Tierra y nuestra comprensión del cambio planetario. El núcleo emocional del libro reside en El portal del descubrimiento de la vida extraterrestre, inspirado en las experiencias transformadoras del fundador de GeoVortex,

Johnny Tesone. Durante una expedición que le cambió la vida en la Cordillera de Wind River de Wyoming, una fuerza misteriosa — bautizada como "GeoVortex", desencadenó una serie de profundas revelaciones. Estas revelaciones se plasman en viñetas personales y evocadoras que invitan a los lectores a experimentar el asombro del descubrimiento junto al autor.

Prólogo de Doug Thompson

Carl Sagan dijo una vez que hay tantas estrellas en el universo como granos de arena en las playas de la Tierra. Esa inmensidad es difícil de comprender — hasta que alguien abre la puerta a una comprensión más profunda de nuestro planeta y sus verdades ocultas. Ese alguien es Johnny Tesone.

Desde sus encuentros transformadores en la naturaleza salvaje de Wyoming hasta la reconstrucción de misteriosos esqueletos en Colorado, el viaje de Johnny es una sucesión de descubrimientos incesantes. Sus hallazgos, *Secretos de los Vientos*, presentan una visión del pasado, el presente y el futuro de la Tierra, completamente diferente a todo lo que ya hayas leído antes.

Mientras pescaba en un río de Wyoming un día de julio de 2020, Johnny tuvo una visión transformadora. Cuando la luz dorada incidió sobre un acantilado cercano, vio rostros totémicos de seres no humanos grabados en la piedra. Ese momento desencadenó un profundo despertar.

Johnny estaba en el lugar adecuado en el momento adecuado. Y con su don, la capacidad de ver lo que otros no pueden, comenzó a descubrir respuestas a misterios como la Gran Discordancia, un enigma geológico de mil millones de años. Identificó signos de los períodos de bombardeo de la Tierra y pruebas de un sistema alienígena orgánicamente complejo incrustado en los registros geológicos.

Secretos de los Vientos es un viaje reflexivo a través de 40 años de exploración, perspicacia y perseverancia. Desde la navegación por ríos salvajes hasta la resistencia a los extremos de la naturaleza, el camino de Johnny ha estado marcado por la amistad, la familia y el descubrimiento. Ha descubierto nuevos minerales, ha sido testigo de especies antiguas y ha sentido el pulso de algo mucho más antiguo que la humanidad.

Siempre habrá escépticos — como los hubo con Edison y los hermanos Wright. Pero, al igual que esos visionarios, Johnny Tesone ha decidido compartir lo que ve, abriendo un camino hacia una nueva frontera del conocimiento. La puerta está abierta. Atrévete a cruzarla.

Temas a tratar

Análisis en profundidad

Explora más de 400 páginas repletas de más de 1.000 fotos cautivadoras. Cada capítulo está marcado con símbolos únicos de “Extraterrestres en la Tierra” que insinúan las extraordinarias revelaciones que están por venir.

Narrativas personales

Acompaña al autor a través de una serie de encuentros transformadores que iluminan las impresionantes verdades documentadas en el libro.

Exploración científica

Adéntrate en conceptos científicos avanzados — como la física de la materia condensada y la mecánica cuántica — entrelazados con misterios del tiempo, el espacio y la inteligencia extraterrestre.

Revelaciones visuales

Sé testigo de increíbles descubrimientos fotográficos: desde la Totem Rock hasta gigantescas especies alienígenas y colosales naves extraterrestres—cada imagen desafía el pensamiento convencional e inspira asombro.

El libro descubre metódicamente los acontecimientos más antiguos y misteriosos de la Tierra a través de una mezcla de experiencia personal, rigor científico y pruebas fotográficas. Cada sección está diseñada para guiar a los lectores a través de los símbolos y signos que definen nuestra historia oculta.

Descubrimientos destacados

El evento de Yellowstone

Descubre los secretos que se esconden tras la "prueba irrefutable" de Yellowstone y sus enormes implicaciones geológicas – ¡suficientes para otro libro!

Especies extraterrestres en la Tierra

Conoce especies extraterrestres tanto en miniatura como colosales – seres que pueden llenar los vacíos en nuestra comprensión de la evolución en la Tierra y más allá.

Vínculos científicos

Descubre cómo las pruebas geológicas se alinean con las teorías científicas avanzadas para construir una narrativa cósmica más amplia.

Contenido

Los Vientos

Durante toda mi vida he sentido una poderosa afinidad por los vientos y creo que comenzó en otra vida, cuando era un hombre indígena que criaba a su familia en el exuberante Valle de Wind River, rico en peces y caza, en la confluencia de los ríos North Fork y South Fork. Nací en estas tierras, que ahora son la reserva india de Wind River. En aquella época, lideraba una pequeña tribu en la que exploraba, pescaba, cazaba, fabricaba herramientas y armas, cultivaba, creaba arte y escribía diversas escenas tribales. Era la época de los hombres, hace 10.000 años.

Soñé con esta vida fantástica hasta los seis años. De joven, sabía que tenía un gran talento para la vida al aire libre, era un aprendiz curioso, un explorador y un nómada habilidoso. Sobreviví en ese tipo de entorno gracias a mi actitud, mi aptitud y un sexto sentido tenaz.

Durante esta vida, pude elegir entre varias universidades del oeste de Estados Unidos para obtener un título en ciencias con una beca de fútbol americano. Decidí, con el apoyo de mi familia, asistir a la Universidad de Wyoming. Estudié principalmente geología, pero también empecé como corredor en mis dos primeros años con los Cowboys. Durante los meses de verano, trabajé en los campos petroleros de Utah, Wyoming y Dakota del Norte, aprendiendo geología e ingeniería y convirtiéndome en un pensador independiente y libre, listo para el mundo.

Durante mi estancia en la Universidad de Wyoming (UW), los profesores de geología de la facultad eran mundialmente conocidos por ser algunos de los primeros pioneros. Publicaron muchos artículos sobre

Wind Rivers y Wyoming. Sabía que era la universidad perfecta para aprender, crecer y empezar una nueva vida sin el fútbol americano. Estaba destinado a ser un visionario, un solucionador de problemas y un explorador de la tierra y el planeta.

De todas las cuencas y cordilleras estudiadas en las Montañas Rocosas, la Cordillera de Wind River fue mi primer y favorito objeto de estudio, hace más de 40 años. Durante la universidad, me fascinaron las historias que contaba un amigo y compañero de equipo, en parte Shoshone, sobre los vientos. Le agradecía su espíritu y las referencias que me proporcionaba.

Ha llegado el momento de esta historia, elaborada por un geólogo talentoso, un maestro pescador, un atador de moscas y un viajero en el tiempo que puede contar al mundo la mayor historia de la Tierra que comenzó en los Vientos.

Cuenca de Cordillera de Wind River

La pesca de truchas en la Cordillera de Wind River ha sido una afición personal durante 30 años debido a los épicos días de pesca con mosca en "Hopper Heaven" y al impresionante paisaje montañoso. Pero los elementos, los osos, los insectos y las serpientes hacen que Los Vientos sea un lugar demasiado primitivo para quienes no están preparados. Normalmente, después del tercer o cuarto día, siento que podría quedarme en el campamento para siempre.

La emoción de pescar en Los Vientos me ha liberado por completo, sabiendo que he encontrado mi verdadera pasión en un deporte que ha moldeado profundamente mi sentido humano de una vida metafórica y transformadora. Los viajes anuales a Los Vientos han definido mis cualidades fundamentales como explorador, geólogo, artista y autor.

Recuerdo un día de otoño en Wind River cuando mi hermano Tim me preguntó frustrado: "¿Cómo puedes pescar tantos?".

"Bueno, Tim, llevo pescando aquí cientos de años".

Johnny Tesone

La cuenca hidrográfica de Los Vientos cuenta con cientos de ríos y lagos que producen de forma natural truchas doradas, arcoíris, de arroyo, de lago y marrones, truchas degolladas de Yellowstone y pez blanco y pez áspero de las Montañas Rocosas.

Los arroyos son en su mayoría de flujo libre, con solo unos pocos embalses construidos a lo largo de los años que permiten la pesca durante todo el año. Sin embargo, los meses de verano y otoño son los mejores para pescar. Las moscas para truchas que ato imitan a las moscas de mayo y las moscas de piedra, las sanguijuelas, los caddis, los pececillos y los saltamontes.

Los insectos eclosionan durante las tormentas, mientras que en algunas aguas crecen camarones de agua dulce, que producen una carne de trucha de primera calidad, lo que los convierte en un manjar para los campamentos fluviales de trucha marinara.

Los Vientos también alberga increíbles fósiles conservados, entre ellos una cabeza de cocodrilo de 9 metros que fue sacada ilegalmente en helicóptero de la reserva india de Wind River. El robo ha desencadenado una gran batalla en la que están involucradas una importante universidad estadounidense y una emblemática organización estadounidense.

En las profundidades del frío Bull Lake Creek Res., donde habitan grandes bacalaos ling, una vez encontré una especie extraña, un misterioso pez de 30 cm y una criatura parecida a una anguila que nunca pude identificar con nada registrado.

Los Vientos es la tierra más pura y el mundo alternativo de mi vida.

Los Vientos se disfrutan más con amigos y familiares queridos que comparten sus mejores historias en el río o en el campamento y que han adornado mi vida en la tierra.

En la foto: Mike, el mejor pescador de todos los tiempos, un amigo explorador. Bob, mis hermanos Shoshones y amigo de la Universidad de Wyoming. Mi hermano Tom (QEPD, en el centro). Darwin, el famoso guía de montaña Shoshone; Carrie y Sterling, mis amigos de toda la vida del campamento de pesca.

Gracias a mi amigo de toda la vida, Doug Thompson, que siempre creyó en mi viaje y me inspiró a escribir sobre Los Vientos

Las obras de arte de mi hija irradian gracia, belleza, creatividad y libertad.

Johnny Tesone

Secretos de Los Vientos

Artistas: Ella Tesone y Gianna Tesone

Las aventuras en las montañas de Los Vientos no serían lo mismo ni tan seguras sin mi labrador chocolate, The Muddler Minnow. Por supuesto, le puse ese nombre por una de mis moscas favoritas para pescar truchas en Los Vientos. En primer lugar, los perros son el mejor repelente de osos que puedes tener en Los Vientos. A menudo recuerdo el primer viaje en el verano de 1994, durante la primera noche, cuando la linterna se estaba apagando y Mudd olfateó el horrible hedor de un oso cerca del campamento. Se levantó, gruñó, se le erizó el pelo del cuello y se le llenaron los ojos de un miedo nunca antes visto. Nos quedamos paralizados por el miedo primitivo a un ataque de oso, pero no volvimos a oler ni a ver otro oso en toda la semana.

Otra historia clásica de Mudd fue a finales del verano de 1995, cuando mi hermano Ron y yo condujimos toda la noche desde Denver y montamos el campamento tarde. Mudd solo tenía dos años para ese entonces, así que estaba inquieta al llegar al campamento después de siete horas de viaje en la camioneta. Al amanecer del día siguiente, nos despertamos alarmados por los ladridos y gruñidos y vimos que Mudd había acorralado a un osezno negro junto a la 4-Runner. "¡Oso! ¡Oso! ¡Atrás, Mudd!". Segundos después, con un arma en la mano, la mamá osa vino corriendo hacia nosotros para bajar a su osezno, y se fueron corriendo, con el pelaje temblando y brillando.

Más tarde, mientras desayunábamos y nos preparábamos para recorrer el sendero, nos dimos cuenta de que había excrementos por todo el campamento. Los ríos de esta zona están repletos de arbustos de bayas y nosotros, los intrusos, estábamos en su hogar en la montaña. Mientras subíamos por el sendero del río, oímos el ruido de piedras cayendo desde lo alto de la ladera, donde un cachorro solitario corría detrás, pateando las piedras con prisa por alcanzar a su madre y a sus dos hermanos.

Ella fue una compañera indispensable en el campamento y la pesca durante 10 años y el espíritu de Mudd sigue vivo para mí en sus cenizas, llevadas por Wind River.

08/27/2006

Los Vientos es un área rica en fauna silvestre, a menudo se encuentran caballos salvajes, borregos cimarrones, osos negros y osos partos, alces, ciervos, nutrias, castores, lobos, coyotes y pumas. Y ahora extraterrestres...

Augie, el caballo, era el caballo con manchas de la familia hasta que se lo regalamos a Darwin para que viviera en su elemento en la reserva india de Wind River.

As we reflect on the Lewis and Clark Expedition, we are reminded of the enduring qualities that define

La expedición de Lewis y Clark, un viaje monumental de descubrimiento y resistencia, es un testimonio de la búsqueda del espíritu humano por el conocimiento y la conexión. Fue una aventura hacia lo desconocido, una audaz incursión en la vasta naturaleza salvaje que definió el oeste de los Estados Unidos. El éxito de la expedición no solo dependía del liderazgo de Meriwether Lewis y William Clark, sino también de las contribuciones de la diversa tripulación, incluida la invaluable Sacagawea. Su historia es de valentía y resiliencia. Era una joven mujer Shoshone que, con su hijo pequeño atado a la espalda, atravesó terrenos traicioneros y tendió puentes entre las diferencias culturales de su pueblo y los exploradores.

El papel de Sacagawea fue fundamental; ella fue el eje de una compleja cadena de comunicación que conectó dos mundos. Su capacidad para hablar Hidatsa y Shoshone fue crucial, especialmente cuando la expedición llegó al punto crítico de tener que negociar con los Shoshones para conseguir caballos. La barrera del idioma podría haber sido insuperable, pero gracias a una extraordinaria cadena de traducciones —del Shoshone al Hidatsa, luego al francés y finalmente al inglés— la expedición encontró la manera de transmitir sus necesidades y establecer la confianza.

El momento del reencuentro entre Sacagawea y el jefe Cameahwait, su hermano perdido hace mucho tiempo, es un momento conmovedor y destacado del viaje. Simboliza no solo los triunfos personales dentro de la narrativa más amplia de la exploración, sino también la interconexión de las vidas humanas, independientemente de las distancias que las separen. Este emotivo encuentro proporcionó algo más que los caballos necesarios; fortaleció los lazos de confianza y cooperación que eran esenciales para la supervivencia y el éxito de los exploradores.

Al reflexionar sobre la expedición de Lewis y Clark, recordamos las cualidades perdurables que definen la exploración: valentía, determinación y la voluntad de aceptar lo desconocido. El legado de la expedición sigue inspirándonos, recordándonos que los grandes logros suelen ser el resultado de esfuerzos colaborativos, en los que se reconocen y utilizan las fortalezas de cada uno para el bien común. La historia de Sacagawea destaca como un faro de perseverancia y unidad, una narrativa que sigue resonando a través de los anales de la historia estadounidense.

Sacagawea está enterrada en Fort Washakie, Wyoming, en el corazón de Los Vientos.

El jefe Washakie de la tribu Shoshoni es una figura notable en la historia estadounidense, reconocido por su liderazgo y diplomacia durante una época de cambios y conflictos significativos. En 1863, tras negociar un tratado de paz con el gobierno de los Estados Unidos, Washakie eligió el camino de la cooperación, creyendo que lo mejor para su pueblo era acoger a la afluencia de colonos. Su alianza estratégica proporcionó asistencia militar y paso seguro a los inmigrantes que viajaban por la ruta de Oregón, acciones que más tarde le valieron el reconocimiento y el honor del gobierno de los Estados Unidos.

En el otoño de 1876, se celebró una ceremonia en Camp Brown, un puesto militar dentro de la reserva de

1,5 millones de acres de los Shoshoni en el territorio de Wyoming. El paisaje era impresionante, con las grandiosas montañas Tetons y el futuro Parque Nacional de Yellowstone al noroeste, y el famoso South Pass al sur. Fue aquí donde el agente James Irwin, en representación de la Oficina de Asuntos Indígenas, entregó a Washakie una silla de montar con adornos de plata, un regalo del presidente Ulysses S. Grant. Este gesto simbolizaba la gratitud de los Estados Unidos por las contribuciones de Washakie a la seguridad de los pioneros y su alianza con el ejército estadounidense. La ceremonia puso de relieve las complejas relaciones entre los líderes nativos americanos y el gobierno de los Estados Unidos durante la expansión hacia el oeste. El legado de Washakie es un testimonio de su visión de futuro a la hora de manejar estas dinámicas en beneficio de su pueblo.

Es el único líder indígena americano que ha recibido un funeral militar del gobierno de los Estados Unidos. En 2004, la legislatura del estado de Wyoming dedicó una estatua a la memoria de Washakie con una inscripción atribuida a él:

"Luché para conservar nuestra tierra, nuestra agua y nuestros terrenos de caza; hoy en día, la educación es el arma que mi pueblo necesita para protegerlos".

Edgar Samuel Paxson: Lewis y Clark en Three Forks William Clark (izquierda) y Meriwether Lewis (centro) con Sacagawea, detalle de Lewis y Clark en Three Forks, óleo de Edgar Samuel Paxson, 1912. Colección de Historia y Arte/Alamy.

Jubilosa por la llegada del verano a su dominio de Wind River, una niña Shoshoni se balancea en una rama de abedul mientras una amiga recatada la observa.

Disparando rifles, galopan en un gran círculo procesional alrededor de su campamento base, 2000 Shoshonis orientales, según estimó el artista Miller en 1837

Saboreando un momento de soledad en el borde del campamento, un guerrero fuma su pipa, "el gran consuelo de sus horas de ocio", dijo el artista Miller .

El año 2004 fue un año de fuertes nevadas en Los Vientos, pero ya habíamos contratado al equipo de Darwin con semanas de antelación para que nos llevara al campo, a un remoto cañón fluvial. El tiempo empezó a empeorar la mañana de la excursión, así que decidimos dirigirnos a otra cuenca, presumiblemente menos agotadora y peligrosa. Mientras atravesábamos Windy Gap Ridge, el tiempo mejoró y pudimos ver la capa de nieve y luego escuché a nuestro guía decir:

“Espero que podamos cruzar el puente de Wilson Creek”.

Cuando llegamos al puente, el arroyo Wilson Creek se desbordaba con estruendo. Los dos caballos de carga que iban en cabeza, atados, comenzaron a encabritarse mientras el primero era arrastrado a la fuerza. Pero el segundo caballo seguía negándose a cruzar el puente. Para entonces, Mike y yo nos bajamos de los caballos y lo único que pudimos hacer fue mirar con total incredulidad y miedo cómo tropezaba y caía del puente, ¡casi arrastrando al primer caballo con él!

Grité: "¡Corta la cuerda, corta la cuerda!". El caballo que iba en cabeza quedó libre y el segundo caballo de carga fue arrastrado río abajo, sumergido, gimiendo, con los ojos desorbitados mientras recuperaba el equilibrio, pero con el pecho desgarrado por un tronco que flotaba río abajo.

Una hora de sol más tarde fue apenas suficiente tiempo para secar el equipo que pudimos salvar para sobrevivir a los azotes de una tormenta de granizo que duró 4 de los primeros 5 días.

Solo tuvimos un día para pescar, pero las truchas degolladas del Lago Bear siempre picaban mi Renegade de triple pluma #18.

Lamentablemente, para el caballo llamado Idiot, fue su último viaje a Los Vientos.

Johnny Tesone

Después de todos esos días episódicos, llegó el 21 de julio de 2020, el día en que la Tierra se detuvo, solo para mí.

Fue ese día cuando el viento, las montañas y el agua se sincronizaron a mi alrededor y crearon el Geovortex. Era el momento y el lugar exactos de la conexión elemental de la tierra con mis antiguas granjas nómadas en Wind Rivers. Fue una fuerza poderosa, emocional y física la que me elevó desde la orilla del río en ese glorioso día y me abrumó con un profundo sentimiento de paz interior y omnipotencia. Mientras me recuperaba, momentos después, el sol iluminó los afloramientos rocosos oscuros y escarpados, las Totem Rocks. Encontré un portal terrestre que guardaba un magnífico secreto que me preparaba para abrir las compuertas con una intensa concentración de curiosidad, creatividad y conocimiento de este misterioso mundo. El episodio inundó mi alma, mi espíritu y cambió mi vida más allá de lo imaginable.

Más tarde esa noche, solo en la tienda de campaña, revisé las fotos de Totem Rock y me quedé asombrado al ver a los nativos, osos y peces iluminados de forma tan vívida, y no podía esperar a volver a Steamboat Springs para enseñárselas a mis hermanos, enviárselas a mis amigos y planear mi próximo viaje de vuelta a Los Vientos.

Las mágicas figuras totémicas no podrían reproducirse en Google Earth, pero observé estos afloramientos cóncavos en forma de disco con un patrón distintivo diferente a todo lo que había visto, leído o estudiado sobre Los Vientos.

Los Objetos Fósiles No Identificados (OFNIs) aparecieron en 300 mts a 23° de inclinación ascendente desde el afloramiento de Totem Rock.

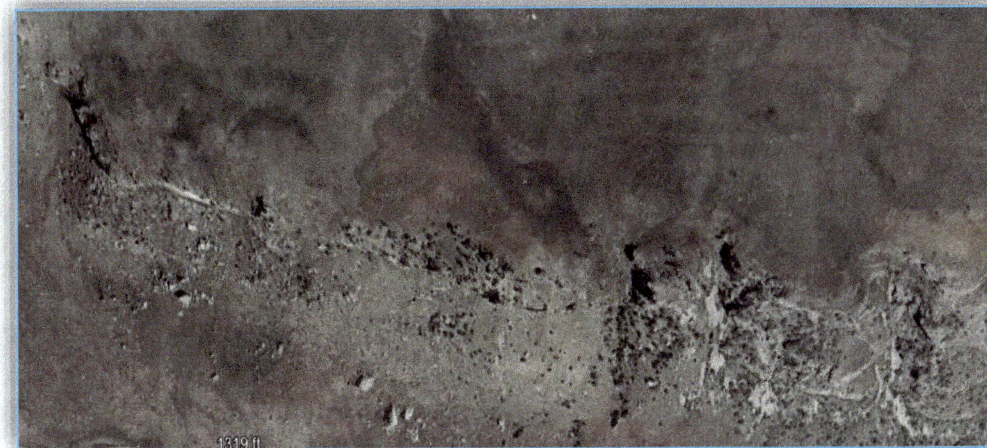

Desde el afloramiento de los acantilados Totem, cartografié una extensión mayor de la Cordillera de Los Vientos N-S, 112 km. Largas líneas paralelas, acantilados verticales perfectos, afloramientos concéntricos, etapas conectadas muestran patrones de separación inusuales.

En el extremo norte de Los Vientos, encontré más facies de acantilados planos, extrañamente verticales, retorcidos y con brillo metálico.

Con el objetivo de estudiar el área de Los Vientos desde el punto de vista de la geología estructural, la geomorfología y la microscopía, probé la escala de los fenómenos terrestres.

Hubo grandes problemas en la investigación en las diferentes locaciones.

Desde Los Vientos hasta las llanuras se pueden ver grandes tubos concéntricos y protuberancias puntiagudas. Al principio de la investigación sospeché que se trataba de antiguos cohetes espaciales.

Le puse fecha y bauticé este evento de bombardeo terrestre precámbrico como “Exterranium”.

Exterranium – El Cohete de la Tierra

Geología Estructural de los “Cohetes” en la Cordillera de Wind River

Toda Cordillera de Wind River es una conformidad angular, descomprimida, expulsada del evento principal de Yellowstone al norte, que se extiende lateralmente de sureste a noroeste a lo largo de 128 km. Se han cartografiado múltiples ejes de pliegues angulares desde el Precámbrico hasta el Paleozoico, el Mesozoico y el Cenozoico.

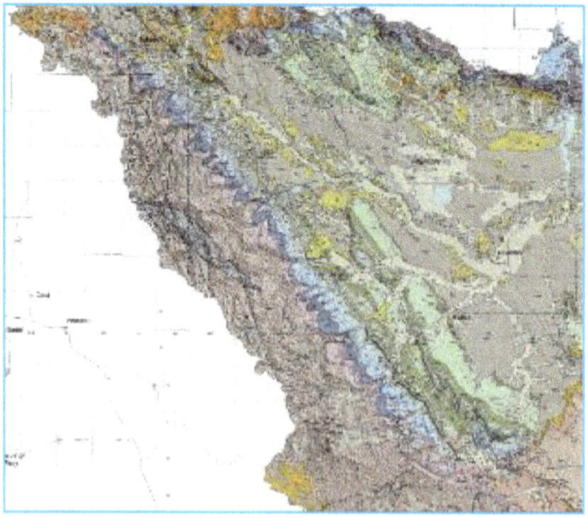

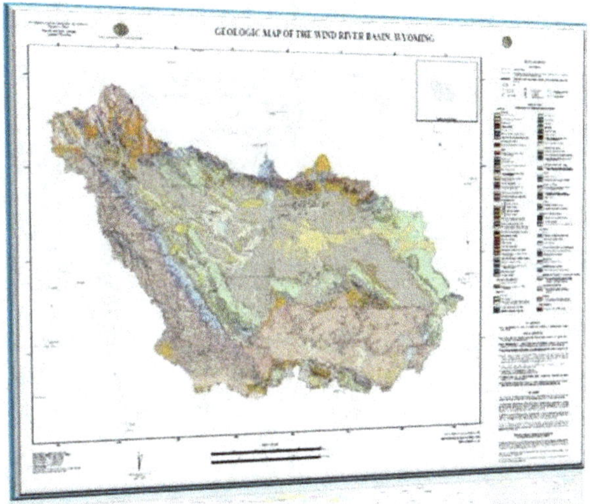

Crédito: Mapa geológico de la Cuenca de Wind River, Servicio Geológico del Estado de Wyoming.

Yellowstone, orogenia de los Cohetes. Cordillera de Wind River, Wyoming

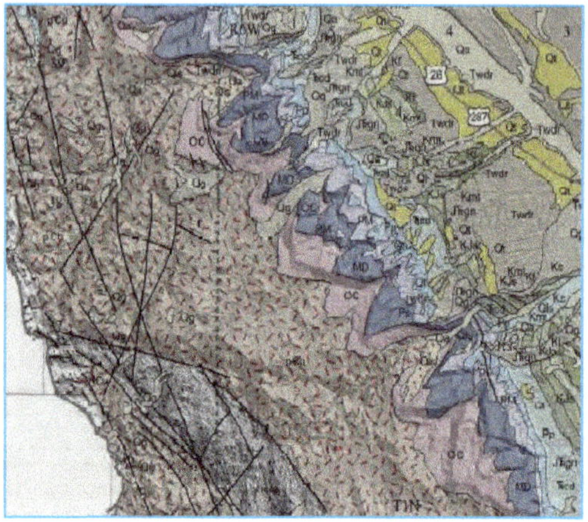

Señal de nueve especies de cohetes orogénicos que causan eventos geocíclicos desde el evento original en el Precámbrico.

Puedes ver más diagramas de Yellowstone en el Capítulo Plan.

A 207 km² al noroeste de la Cordillera de Wind River, sección transversal de múltiples estructuras angulares escalonadas en forma de cohete que son paralelas, conformando angularidades del Precámbrico (izquierda, color canela), es la primera en la etapa base del cohete a mayor elevación. Se ha desplegado en forma de abanico en las etapas posteriores, apiladas (coloreadas), marcando innumerables sub-eventos que se extienden hacia el este en el mapa.

Geología estructurada de los Cohetes, Cordillera de Wind River

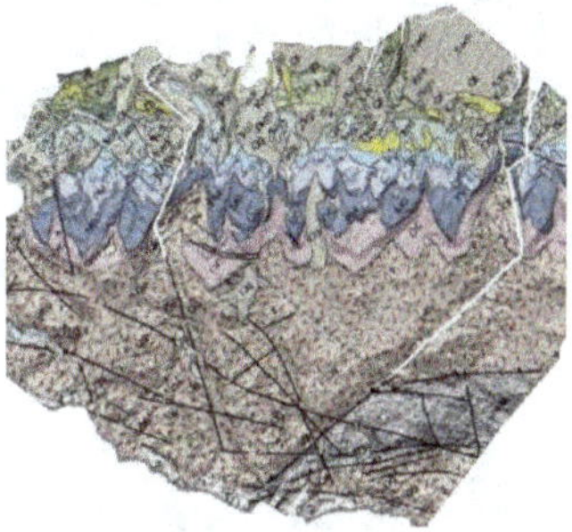

El contorno del subcohete, visible como líneas de pliegues, representa innumerables formaciones de naturaleza fractal dentro del área de interés. La Cordillera de Wind River ha generado un número infinito de cohetes y es un modelo geológico básico.

Descubierta por primera vez en la Cordillera de Wind River, la geometría se correlaciona con atributos globales

Las líneas de pliegues que se cruzan delinean la orogenia geo-simétrica por etapas replicada en la cordillera. Los sub-eventos se asientan sobre afloramientos masivos de la base del cohete precámbrico. Los eventos ocurrieron instantáneamente en una era, pero se cartografiaron a lo largo del tiempo y la especie deja un legado infinito de maravillas geológicas.

Cenozoico

Mesozoico

Paleozoico

Precámbrico

Cohetes de la Cordillera de Wind River

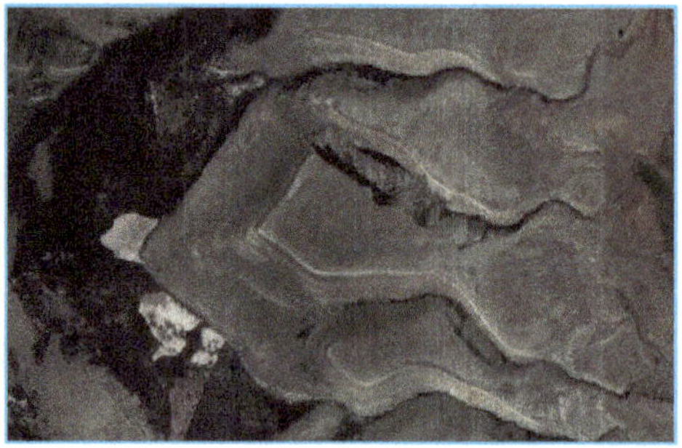

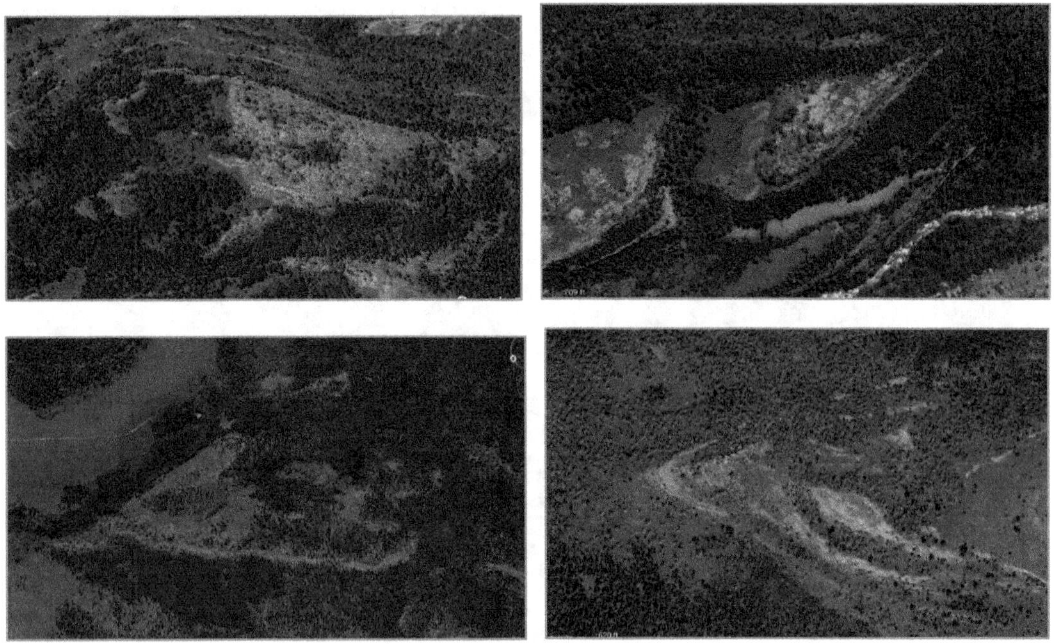

Los acantilados plegados de color metálico delinean las cimas de las montañas en forma de cohetes que se transforman y maduran tecnológicamente a lo largo del tiempo geológico.

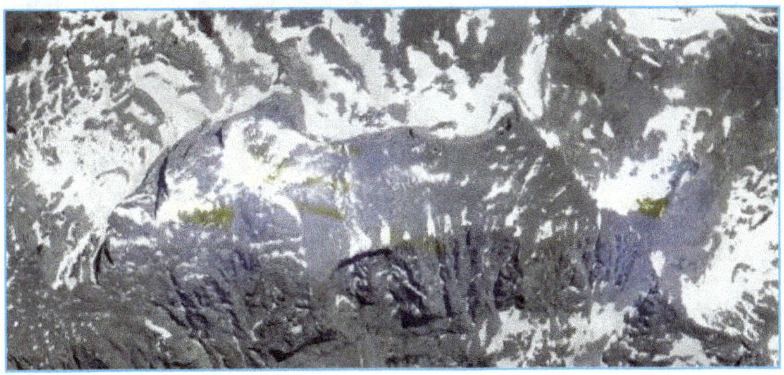

Yellowstone – El Evento Geológico "Irrefutable"

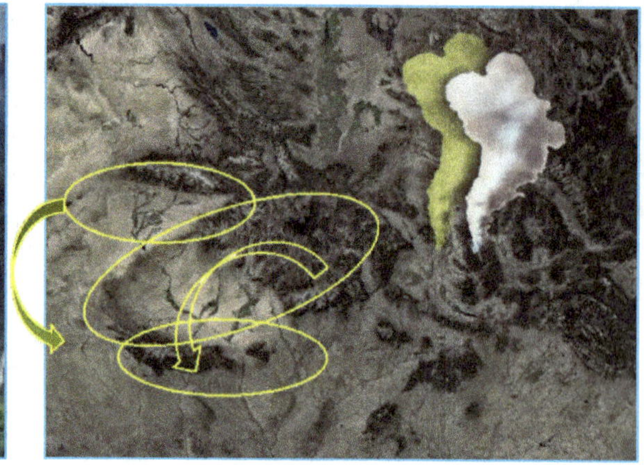

La zona ilustra la enorme explosión de rotación que formó Los Vientos, las Montañas Rocosas y el sistema continental.

Tras calentarse durante miles de millones de años en las profundidades de la Tierra, la especie cohete se mineraliza fuera del agua, desenterrando los fósiles precámbricos recién descubiertos.

El sistema de especies consume y libera constantemente los recursos de la Tierra.

La espiral violenta se revuelve, creando la Cuenca de Big Horn, mientras que la Cordillera de Big Horn es cortada y volada. Simultáneamente, la cordillera Wind River, con forma de hoja, es volada, extendida y volteada.

La fuente de los grandes ríos de agua dulce, la actividad mecanizada de los géiseres y un conducto volcánico separado es, literalmente, la prueba irrefutable disparada desde lo profundo del cohete original enterrado en las profundidades de la Tierra.

La Cordillera de Wind River: se encuentra el pico más alto de Wyoming, y el pico Gannett es el más cercano al epicentro del evento de Yellowstone. La zona es una zona activa, compleja, multidimensional, plegada y con fallas de empuje paralelas, con fuerzas estructurales ilimitadas e incalculables que no se pueden cartografiar.

La Cordillera de Wind River es el subevento de recursos conformes y sedimentarios del evento de Yellowstone.

Se trata de la aplicación de supercompactación del registro geológico.

Destacan las montañas Gypsum y Salt Lick, que son características que exponen la secuencia sedimentaria invertida del entorno de incubación de cristales del conducto profundo de Yellowstone. El yeso recubrió las especies, fijadas en la cámara de bombas supercomprimidas.

Los acantilados escarpados son bisagras plegadas, lo que destaca el extraordinario diseño de compresión, compactación y replicación.

Las características de correlación de la explosión de Yellowstone trazan las capas del evento que representan la expansión y replicación del terreno a lo largo del tiempo.

Perú, Bolivia; Lago Titicaca

Colombia, Sur América - Laguna De Tota

Territorio del Noroeste, Gran Lago del Oso

Lago Yellowstone - Wyoming

Oeste de Colombia, Sur América

Centro, Wyoming

Capas multicolores y gruesas de color rojo hierro con pliegues extremos y anclas con cuernos. Esta es otra etapa subprocesal distintiva del resultado de la explosión. Puedes conocer más información sobre el colosal evento de Yellowstone en el Capítulo Plan.

El uso de herramientas de diseño de IA ayuda a transmitir las sensacionales historias geológicas de acontecimientos dramáticamente grandes con imágenes únicas.

Vista de microscopio de especies de los Cohetes en la Cordillera de Wind River

Los senderos remotos del cañón se cruzan con las formaciones precámbricas, pero el acceso alrededor de los sitios de impacto está lleno de marcadores exobiológicos y astrogeológicos. El trabajo microscópico se llevó a cabo a toda velocidad con muestras ilimitadas que resultaron sustanciales para indexar nueva vida en un evento oceánico masivo.

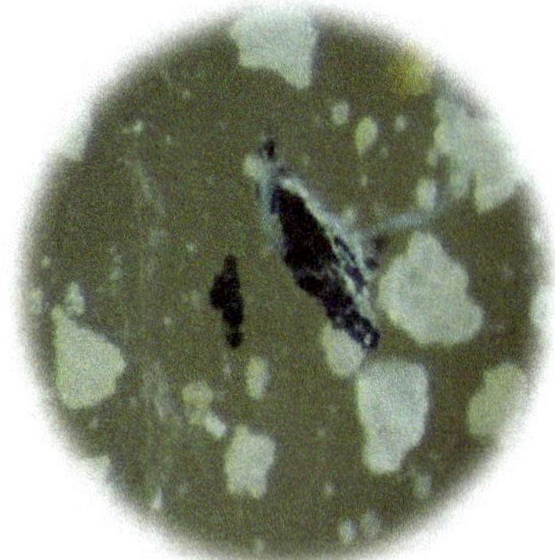

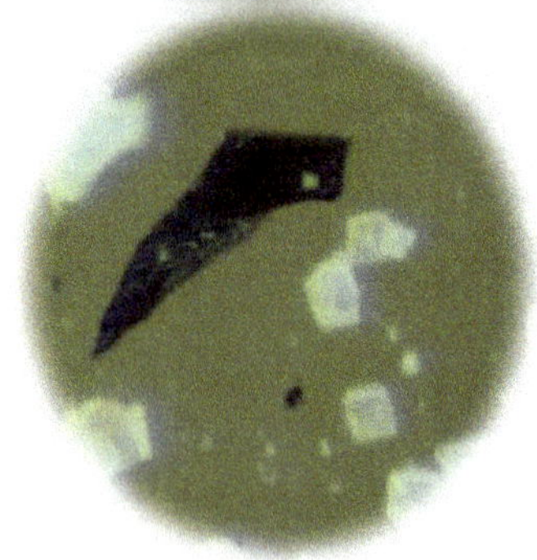

Desde el principio supe que no se trataba de la típica mineralización carbonatada de las dolomitas y las calizas que se encuentra en los sedimentos oceánicos más recientes registrados en los ripios y núcleos de perforación de las Montañas Rocosas. Tras horas examinando los cristales extraños, descubrí y sostuve en mis manos una vida alienígena fractal que me provocó una sensación sobrecogedora de eternidad e ingravidez. Entonces tuve claro que debía compartirlo con el mundo y que esto solo era el primer capítulo.

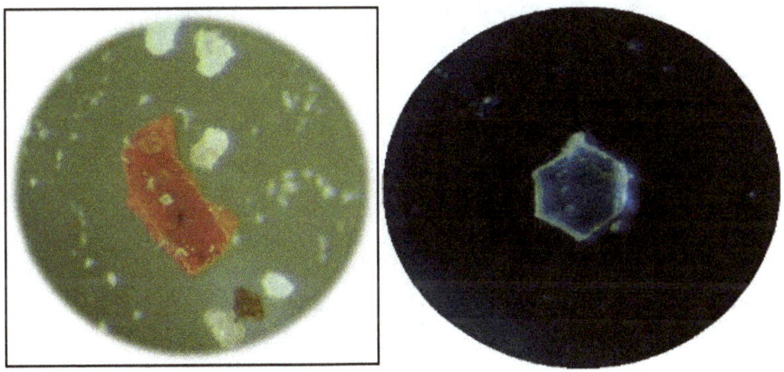

El evento precámbrico revela formas ilimitadas de mineralización orgánica y alienígena, vida fractal activa, un verdadero fenómeno científico y un hito histórico.

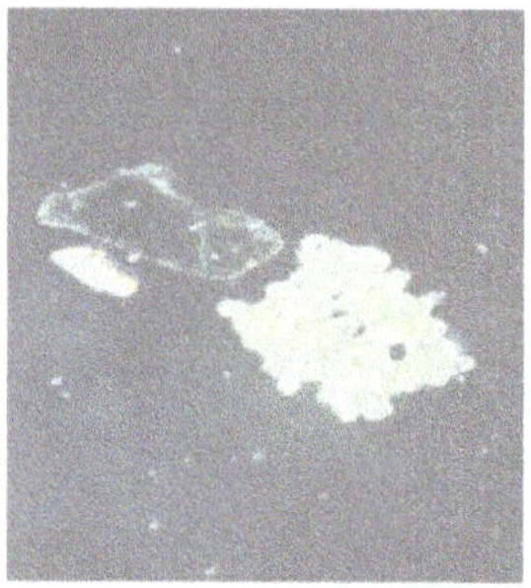

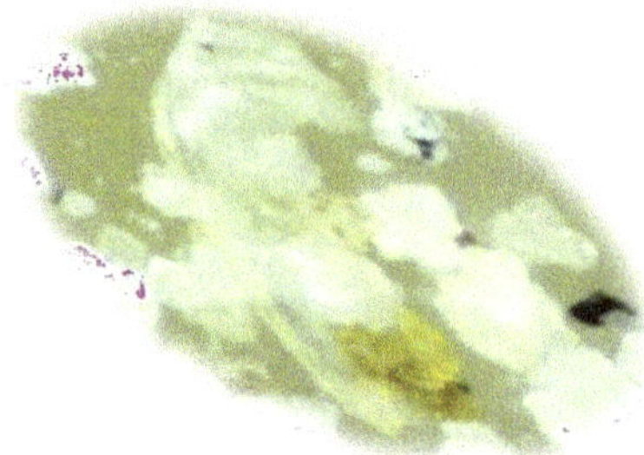
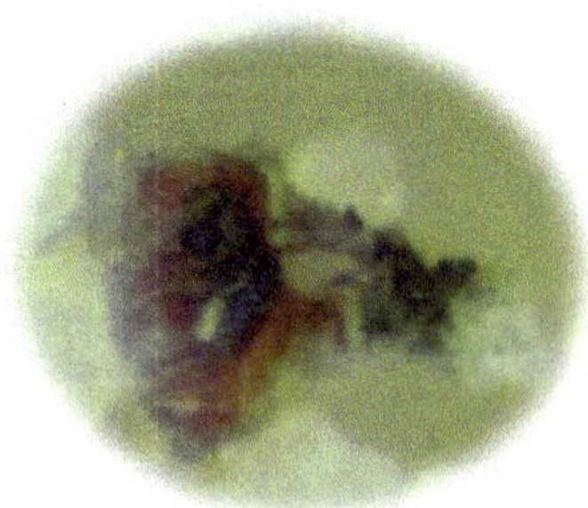

Una deposición matricial de especies de cohetes precámbricos condujo a la Gran Explosión Cámbrica.

En ningún otro momento de la historia de la Tierra ha aparecido la vida de forma tan abundante en tan poco tiempo como durante el evento cámbrico.

Por misterioso que fuera el evento, las raras y múltiples grandes extinciones masivas siguieron a las ramificaciones biológicas omnipresentes que se encuentran en la geología.

Se necesitaron cientos de horas para capturar detalles sobre los huevos alienígenas precámbricos, ya que era casi imposible volver a encontrarlos en otra sesión de microscopio.

La transparencia permitía ver los orificios, las extremidades, los circuitos y la validación de la batería de células de agua, como se ve en la imagen del centro a la derecha.

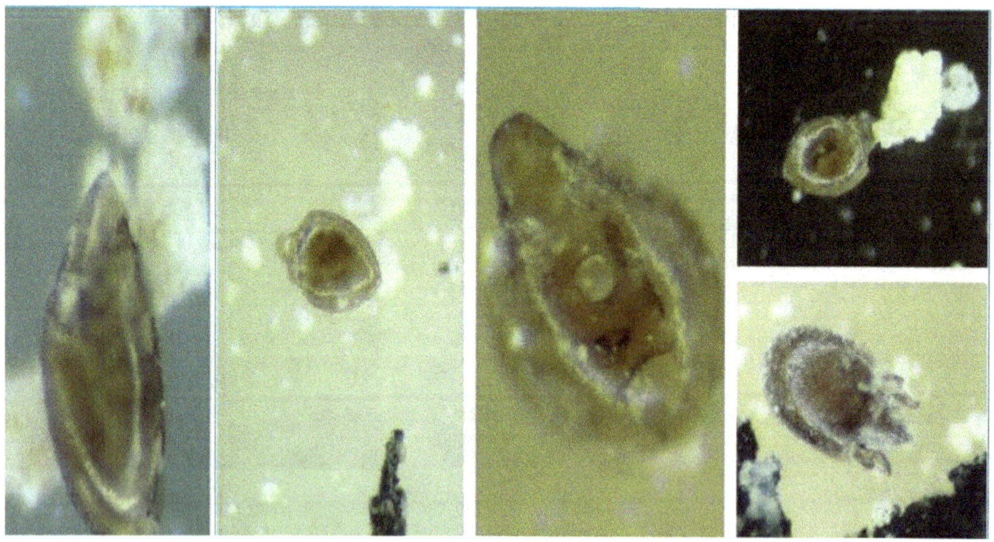

Muestra de huevos EIN negros translúcidos similares en forma y electrodos internos. Huevos encontrados en un hormiguero y que son mucho más grandes que los especímenes de Wyoming.

Los datos muestran una naturaleza omnipresente y evidencian que la vida primitiva ya era compleja antes de la explosión cámbrica. ¿Fue el océano de agua dulce de la Tierra transportado, depositado y sembrado por las especies?

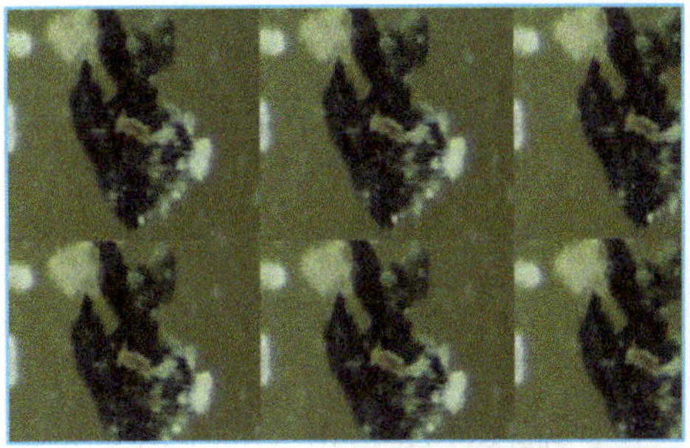

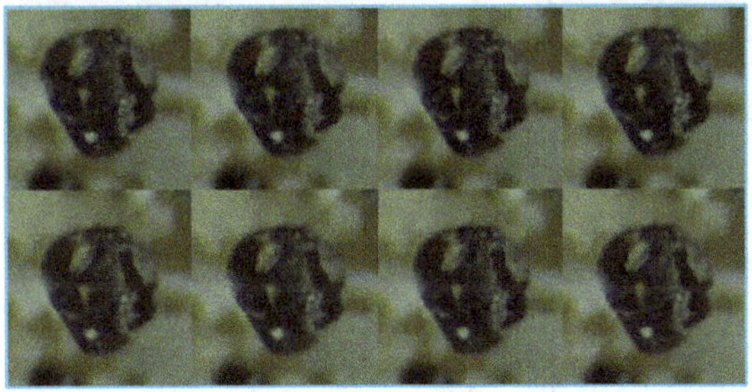

Las muestras revelaron innumerables especies orgánicas cristalizadas enrolladas, sumergidas y suspendidas en el plato de muestras. Cuando encontré los esqueletos en Colorado, nombré a la nueva subespecie alienígena: Exterran Infinitas Nimerigarus (EIN). El pulmón externo superior derecho se reproduce en fotos de tamaño monstruoso de Exterran Infinitas Giganteus (EIG).

2005 – En una ruta de senderismo de exploración, encontré esta roca con forma de feto alienígena del tamaño de una pelota de béisbol, que pesaba 1 libra (472 gramos) y databa del Precámbrico. Su base plana, los dedos que sobresalen y la oxigenación negra son algunas de sus características principales.

Condado de Fremont, Wyoming, agosto de 2020. Supe inmediatamente que había encontrado algo intrigante, pero no examiné este espécimen de color ámbar de 1 cm hasta que regresé a Colorado unos días más tarde. El primer día (izquierda) y luego durante la noche, la roca se había volteado y su capa exterior se había levantado y desintegrado. Esto cambió drásticamente mi visión geológica tradicional de la Tierra, poniéndola patas arriba y del revés. Los fósiles hacen avanzar la Tierra, la vida y las ciencias astronómicas años luz por delante de los modelos terrestres obsoletos.

La Zona Cero

A lo largo de los años, he utilizado Google Earth principalmente en proyectos de trabajo, para cartografiar zonas de deslizamientos y nuevas rutas de pesca. Las capacidades de alta resolución de esta herramienta me han abierto los ojos a un mundo completamente nuevo: Wyoming, la Tierra y la astrogeología – la Zona Cero.

Al regresar a Los Vientos en otoño de 2020, cubrí una mayor extensión de la superficie de la cuenca hacia el este, hacia las llanuras, para encontrar la escala de los acontecimientos que la geología comenzaba a revelarme más allá de los acantilados totémicos. Mientras exploraba las colinas y las llanuras, era un momento en el que la atención se centraba en los afloramientos geométricos concéntricos de 60 mts y los patrones superficiales, los OFNIs: Objetos Fósiles No Identificados.

Desde el microscopio hasta el satélite, las características del espacio exterior se escalaron exponencialmente a medida que mi conocimiento se aceleraba más allá de la imaginación.

El capítulo destaca el inquietante viaje a los Lagos Dinwoody desde el norte de Los Vientos y la correlación del descubrimiento de petroglifos con el fósil de embrión alienígena.

Áreas públicas expuestas a impactos de 12 a 90 mts: aterrizajes, extensiones, represas con matriz mineral y montículos y madrigueras alienígenas activas.

Bombas visiblemente recientes marcaron la superficie paleo de Wyoming, que debió tener condiciones favorables para el aterrizaje debido al derretimiento de los glaciares o a las condiciones oceánicas poco profundas.

Este último bombardeo ocurrido en el Holoceno es la razón más plausible por la que los mamíferos terrestres más grandes de la Tierra, como el mamut lanudo, el perezoso gigante y el tigre dientes de sable, no se extinguieron como fuente de alimento.

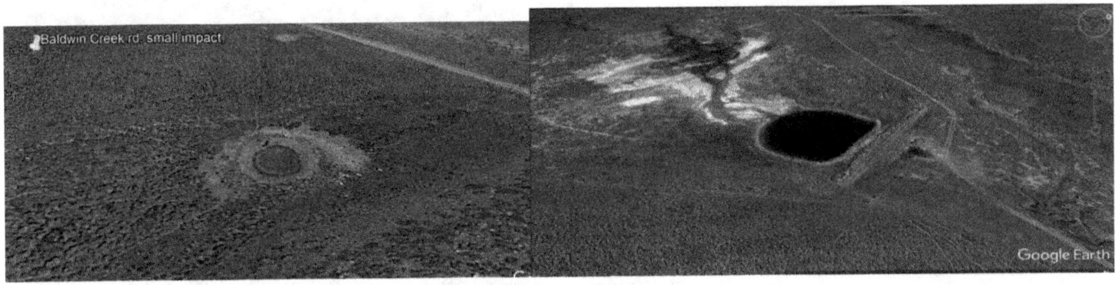

Los impactos superficiales revelaron una capa térmica metálica exterior rota y de forma convexa, diseñada para atravesar la atmósfera de cualquier planeta. Con el equilibrio adecuado del volumen de agua, la especie se convierte en un sistema terrestre vivo.

El espécimen rojo de 5 kg es ultra duro, pesado y está basado en una aleación de hierro, lo que hace que la capa exterior actúe como una presa que absorbe y reacciona con el H2O a lo largo del tiempo geológico. Las muestras en pie retienen el agua durante más de tres semanas. Este es el recurso y proceso geológico continuo del Cosmos a la Tierra.

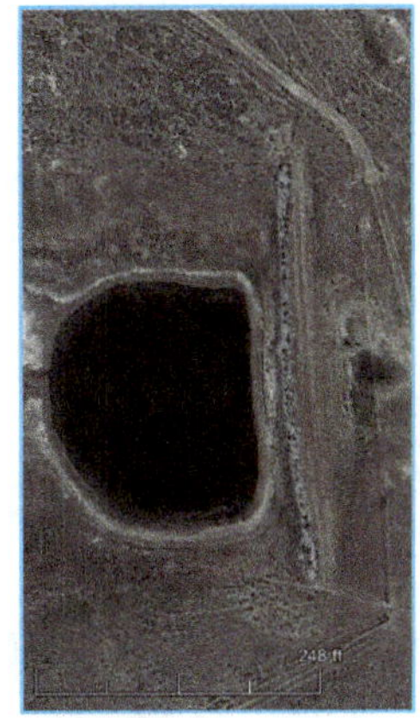

Millones de toneladas de rocas apiladas y formadas de varios colores, brechadas, son los cantos rodados de tamaño común, con facies aplanadas que construyeron esta estructura de aterrizaje y represa de 90 mts. Esta característica de impacto fue la primera pista importante de la naturaleza de la recolección y reconstitución, evidencia que explica la geología faltante de los registros rocosos. La materia terrestre que faltaba ha sido recolectada, luego mezclada, reformada y diseñada para construir y lanzar los impactadores.

Los eventos de extinción masiva en la Tierra se caracterizan por la desaparición abrupta de más del 75 % de los animales marinos y terrestres más grandes. Durante el Holoceno, el mastodonte, el tigre dientes de sable y el perezoso gigante se extinguieron hace 10.000 años. Esto explica por qué manadas tan grandes murieron juntas sin evidencia de inundaciones o causas humanas.

Después de visitar los cráteres, la búsqueda se trasladó a las llanuras de Wyoming, en busca de discos, características concéntricas en la superficie y si el evento podía rastrearse hasta los afloramientos de la Cordillera de Wind River.

Sin embargo, no sabía cómo estaban conectados ni si podía comprender completamente estas formas durante las escenas de la Zona Cero.

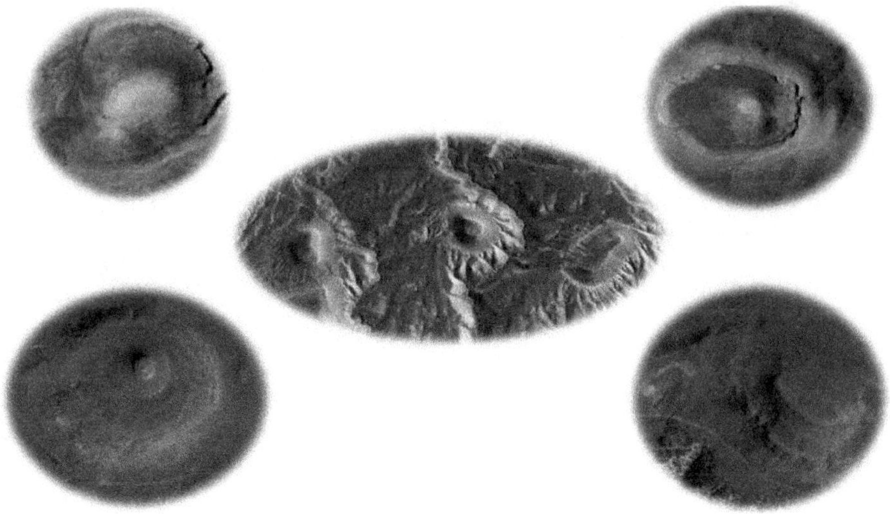

En ese momento de la investigación, no entendía los pliegues geométricos, ni las complejidades de las propiedades reconformantes o las especies.

El volumen de círculos perfectos no son campos agrícolas de regadío en medio de la nada, en Wyoming, sino los restos de objetos de tuberías de bombas en la tierra reconstruyendo, remodelando y moldeando para futuros eventos de propulsión combustible.

Google Earth

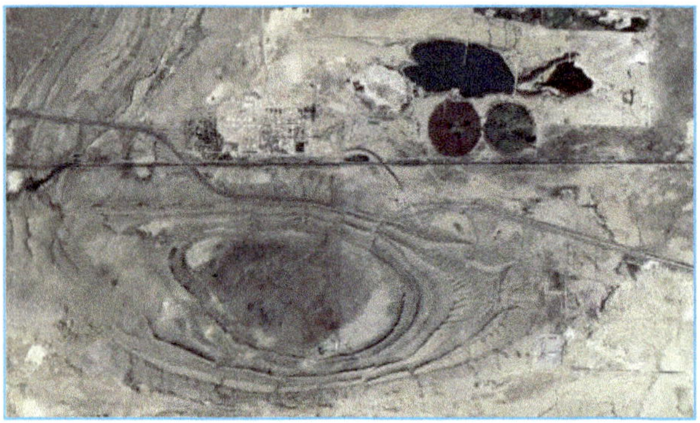

Los grandes pliegues de los objetos eran una pista importante de la existencia de especies orgánicas extraterrestres fractales.

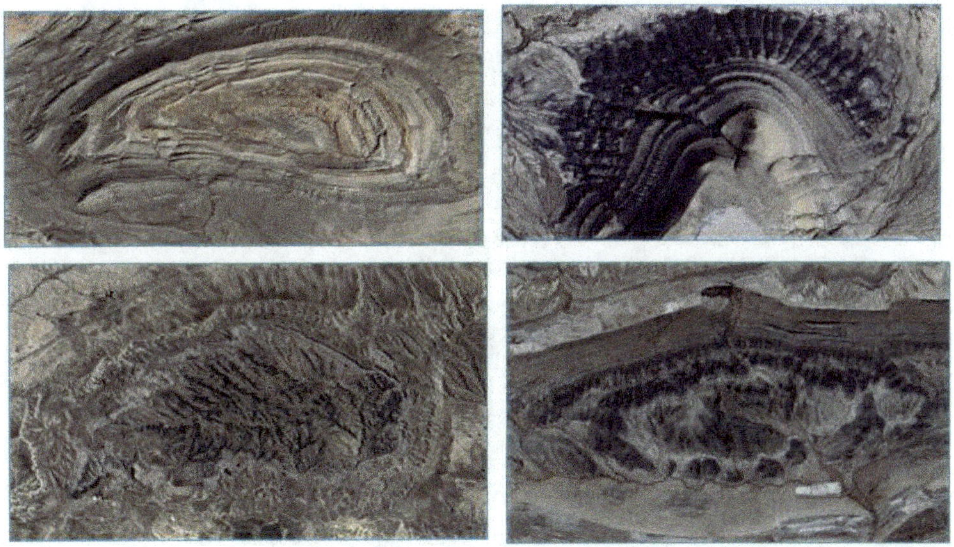

La geomorfología alienígena presenta patrones superficiales distintivos, extensos y abundantes.

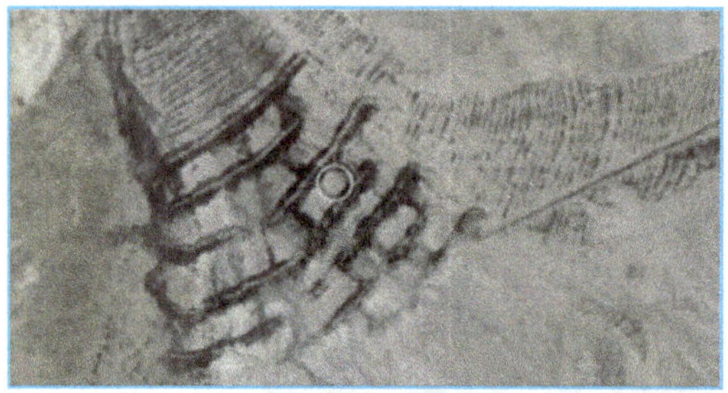

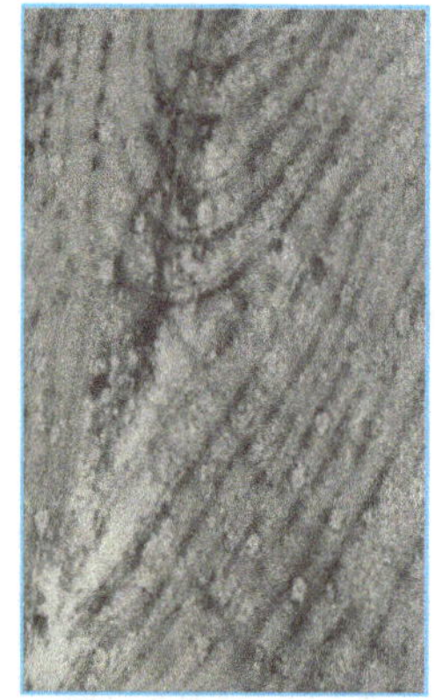

Las características extremadamente definidas de la superficie de las llanuras de Wyoming revelan las primeras pistas sobre el procesamiento de la superficie para el control del agua y la lixiviación de elementos para la propagación de aleaciones de especies.

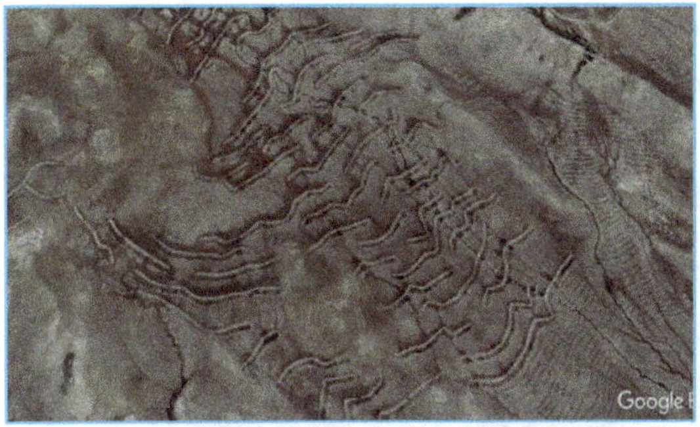

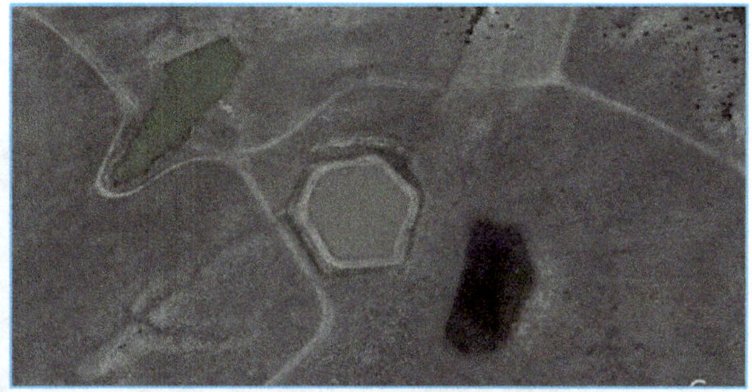

Google Earth

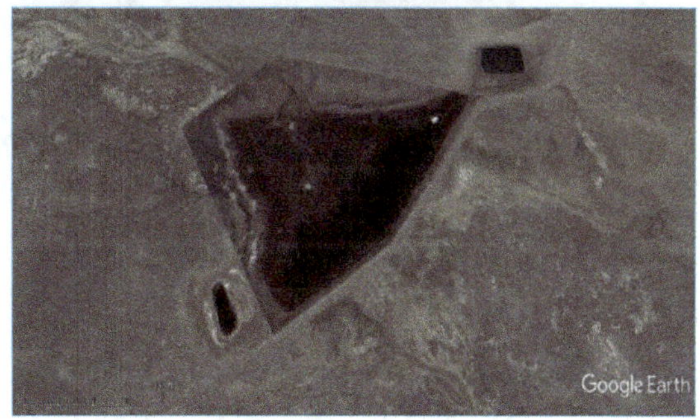
Google Earth

Wyoming y otros artefactos mundiales se ven desarrollándose y exponen su escala y complejidad.

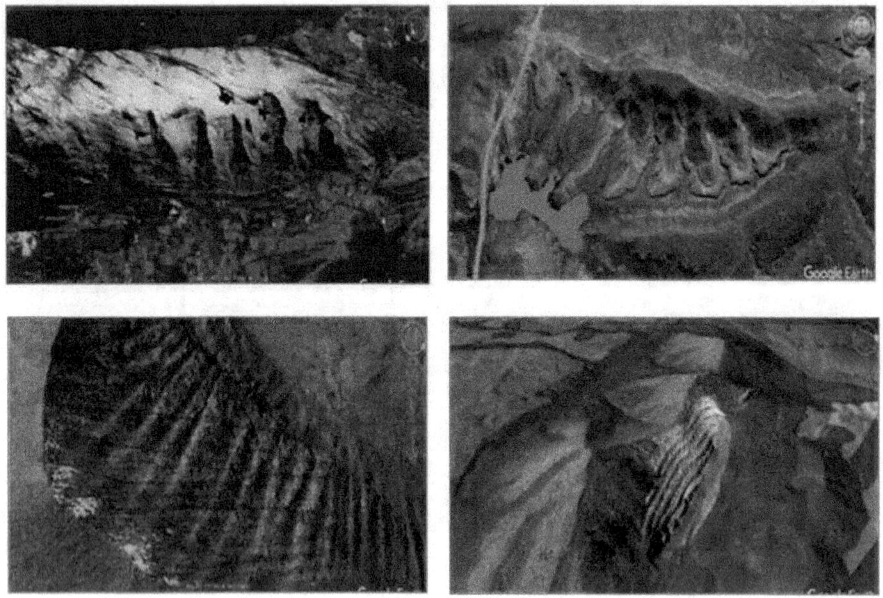

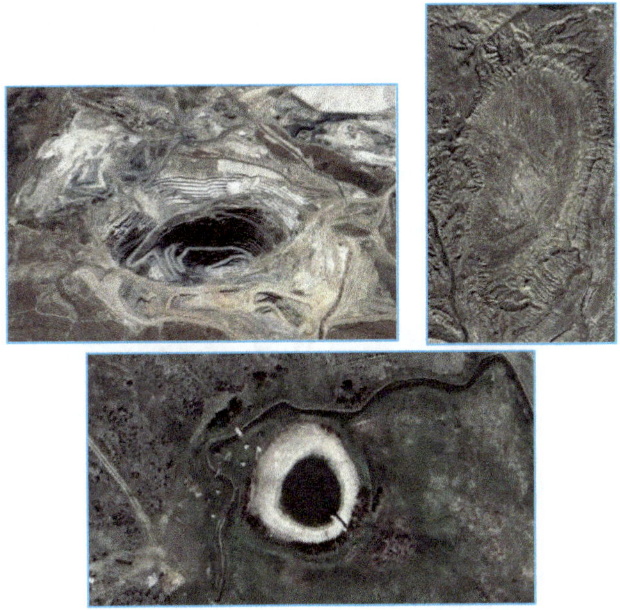

Explorar la inmensidad de la geomorfología de Wyoming nos llevó a descubrir los afloramientos de Los Vientos. Al comprender la biomecánica, la física y las características de ingeniería de las especies de los Cohetes, la historia comenzó a tomar forma.

Lagos Dinwoody, Condado de Fremont, Wyoming.

Otoño de 2020, Reserva Northern Wind River. La cadena de tres Lagos Dinwoody fue una de las aventuras alienígenas más siniestras que he vivido en los últimos años. En primer lugar, los lagos siguen descoloridos por el glaciar Dinwoody; no son conocidos por la pesca de truchas, ni hay eclosiones de insectos apreciables ni vida acuática visible. Además, no he visto la gran fauna que suelo ver en otras cuencas hidrográficas de Wind River. Los lagos son restos, moldes de cohetes llenos de hielo glacial. Se están aclarando lentamente, pero aún muestran una vida química extraña y turbia, como una sopa del espacio exterior. No hay ningún otro lago como este en Los Vientos.

La primera noche, me estacioné a la orilla de un lago para contemplar los increíbles petroglifos vallados. Entonces, me fijé en un grupo de truchas que saltaban, alimentándose de algo justo debajo de la superficie. Se convirtió en un frenesí alimenticio, pero no pude ver ningún insecto volando o flotando mientras intentaba un par de lanzamientos infructuosos. Tuve que volver al día siguiente. Tenía mucha curiosidad y la luz era demasiado escasa para sacar buenas fotos de las rocas el primer día.

Cuando llegué al día siguiente, en la orilla, había tres truchas frescas muertas que no estaban allí la noche anterior. No podía entenderlo ni ver nada parecido. En ese momento, tuve que dar la vuelta a la esquina del lago, donde había afloramientos multicolores y pequeñas cuevas oscuras con huellas recientes. Solo en el inquietante lago, sentí que me observaban como a un intruso, pero aún así tenía que tomar mejores fotos de la obra de arte alienígena.

Al día siguiente, mientras conducía de vuelta a casa, tuve que llamar a Bob, mi amigo Shoshone de la Universidad de Wyoming, para contarle el espeluznante episodio. Entonces él me contó esta historia sobre Dinwoody: "esa es la razón por la que mi abuela me dijo que nunca fuera allí, por los Nimerigar, las "personas pequeñas".

Durante esos dos días, vi cosas que me infundieron el miedo que sentían los nativos cuando veían a la criatura Nimerigar.

Finalmente, creo que las pequeñas truchas de criadero se alimentaron de los alienígenas que nadaban en el lago y murieron durante la noche, incapaces de digerirlos.

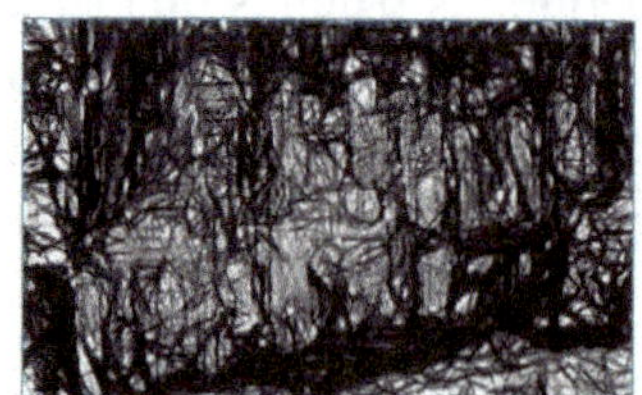

Figura petroglífica de Dinwoody, Wyoming.

Fósil de embrión de EIN.

50 cm

1 cm

Tubos, partes del cuerpo alrededor de la cabeza, el cuerpos y los brazos extendidos.

En el círculo se ve la célula/pila de combustible H20 - una parte vital del cuerpo que se ha encontrado (2 mm – 8 cm) en esqueletos EIN a cientos de kilómetros de distancia, en Colorado.

La Persecución

El descubrimiento de madrigueras activas en los cráteres de Wyoming desencadenó un emocionante capítulo en mi fiebre exploradora, atrayendo a aventureros a las llanuras de Colorado en busca de especies subterráneas esquivas. Esta búsqueda estaba impulsada por la posibilidad real de desenterrar entidades vivas que desafían el conocimiento biológico actual, tal vez incluso de origen extraterrestre. La narración se enriquece aún más con relatos históricos, como el peculiar hallazgo en las Montañas Pedro de Wyoming—una diminuta figura momificada que desató debates y cautivó la imaginación. Esta momia del "hombrecito", como algunos la han llamado, fue descubierta a mediados del siglo XX y desde entonces ha sido objeto de controversia y fascinación. Es una historia que entrelaza el rigor académico de la antropología con el encanto de lo desconocido, desafiando a las mentes más escépticas con pruebas tangibles del registro fósil.

La tradición de los pueblos indígenas norteamericanos añade capas de misticismo a estas investigaciones, especialmente teniendo en cuenta que amigos y familiares aprecian la importancia regional de las pruebas. Las historias transmitidas de generación en generación hablan de pequeñas y formidables criaturas asociadas al agua, evocando imágenes de un mundo en el que se difuminan las líneas entre lo natural y lo sobrenatural. Estas narrativas, ricas en significado cultural, a menudo describen interacciones con seres que encarnan las fuerzas primigenias de la naturaleza, entidades tan temibles como veneradas. Tales relatos no son sólo ficción, sino que forman parte integral de la cosmovisión de muchas comunidades indígenas, reflejando una profunda conexión con la tierra y sus numerosos habitantes, visibles e invisibles.

En la búsqueda moderna del descubrimiento científico, estas antiguas historias cobran una nueva relevancia. Nos recuerdan que nuestra comprensión de la vida está en constante evolución, moldeada tanto por la evidencia empírica como por la sabiduría perdurable del conocimiento tradicional. A medida que los exploradores y científicos se adentran en los recovecos ocultos de la Tierra, lo hacen con un sentido de asombro que ha impulsado la búsqueda del conocimiento de la humanidad desde tiempos inmemoriales. Ya sea buscando especies desconocidas en las sombrías carreteras secundarias de Colorado o recreando los orígenes de una misteriosa momia en Wyoming, el viaje tiene tanto que ver con la búsqueda en sí misma como con los posibles descubrimientos que nos esperan. Es un testimonio de la insaciable curiosidad del espíritu humano y de nuestro diálogo interminable con los misterios de nuestro mundo.

El cohete arcoíris fue avistado en tierra al este de Denver la primera noche de mi regreso a Colorado. Fui a examinarlo, pero el cohete se encontraba en terreno privado. Desde entonces, he intentado volver a encontrar el cohete de 21 metros, incluso después de haberlo marcado en un archivo de mapa. Este fue el primer objeto que presentaba detalles de coloración reactiva y estructura de vuelo.

Sin embargo, el parque público adyacente al avión fue el primero de una serie de viajes asombrosos y alucinantes a las llanuras del sureste de Colorado.

Las llanuras del sureste de Colorado revelaron características más definidas. Caminando, comenzando al este de Denver en el área del objeto circular.

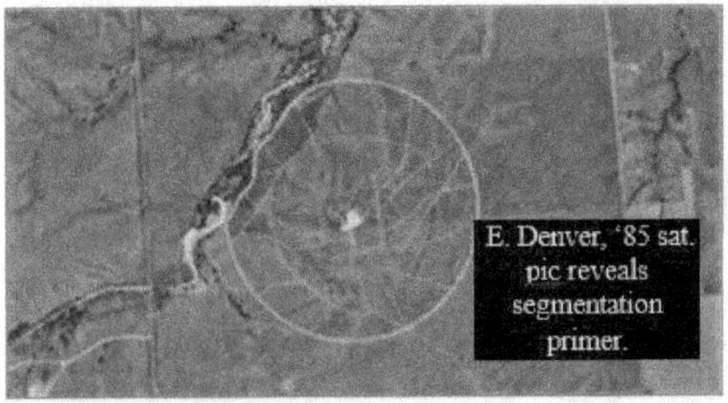

Este sitio público fue la primera parada en Colorado y fue un tesoro de evidencia que reveló losas moldeadas geométricas con aspecto de cemento y un tanque de agua de metal a base de carbono que probé en el laboratorio.

Este sitio tenía agujeros profundos en el suelo y una bomba de agua de molino de viento que no funcionaba.

En el pozo de agua, encontré lo que al principio pensé que era un ratón muerto.

Sin olor, allí supe que el esqueleto de 8 cm no era de ninguna especie animal.

Dos semanas más tarde, en el mismo lugar, encontré otros dos esqueletos; uno del mismo tamaño y el otro de 2,5 cm de largo.

Durante el mismo viaje, justo en medio del tanque de agua terraformado, había un trozo de material gomoso y camuflado con tierra. Probablemente se utilizaba para proteger y transportar criaturas desde fisuras profundas, que migraban hacia arriba a través de antiguos pozos de agua.

Según los análisis de laboratorio también tenia carbono orgánico. Vi más pruebas de que la especie se estaba apoderando de otros pozos de agua abandonados en Colorado. Uno tenía una cerca eléctrica sin otra razón que utilizar el tanque y el pozo para concentrar una fuente de energía.

Las piezas del cohete, junto a un tanque de agua azul verdoso maravillosamente claro (fondo de la siguiente página), no se parecían a ningún agua que hubiera visto en otro sitio y mucho menos en las llanuras secas de Colorado, donde el agua superficial es una fuente escasa. Este pequeño estanque se formó recientemente y tal vez sea un baño alienígena, agua de cría con circuitos profundos.

No pude encontrar la bañera alienígena en los viajes posteriores.

¿Fue el océano de la Tierra transportado y depositado por la especie?
Mantente atento.

Se encontraron madrigueras frescas y activas de EIN, de 3 a 20 cms de diámetro, recién excavadas en caminos duros, junto con una muestra de huevos negros translúcidos similares a los verdes de Wyoming. Las marcas de garras de 10 cms de ancho corresponden a una mano de cinco dedos. Después de encontrar las señales evidentes, no he dejado de buscar los marcadores hasta el día de hoy, como el cemento de mortero esparcido en la construcción de la presa del impactador.

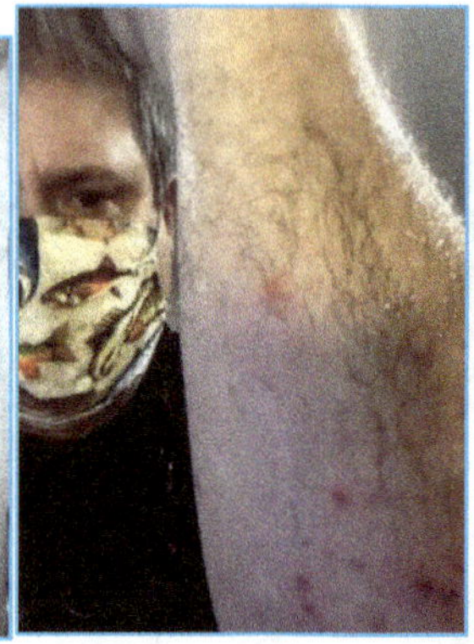
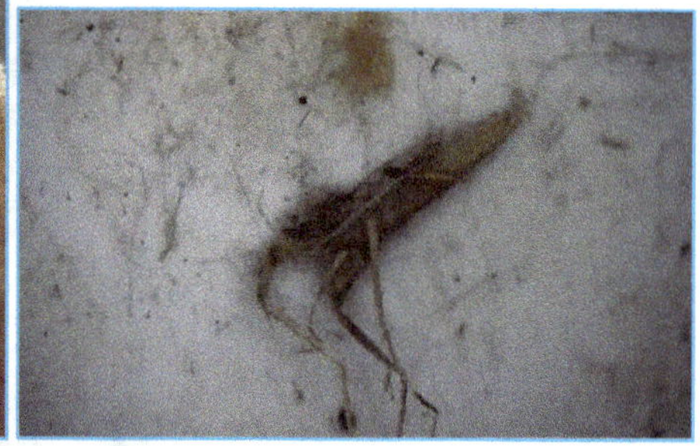

Los trozos de cadáver fueron devorados y regurgitados por una criatura más grande y luego los desarmé y volví a armar, construyendo la anatomía con las abundantes partes.
Sin embargo, ese día sentí el dolor agudo de los dardos alienígenas en mi antebrazo.

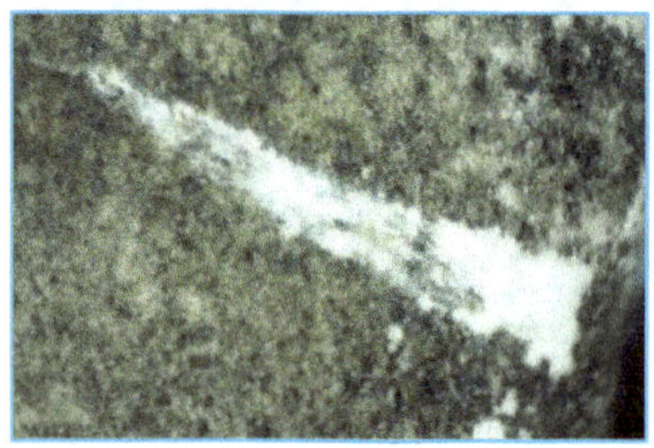

Las armas con puntas envenenadas aparentemente cayeron sobre mi sillón mientras trabajaba. Este episodio fue tan doloroso y primitivamente aterrador que estaba dispuesto a tomar todas las pruebas y enterrarlas de nuevo en el parque.

Descubrimiento de la especie más antigua similar al ser humano en la Tierra – Precámbrico

Exterran Infinitas Nimerigarus: Extraterrestre – Infinito – "Personas Pequeñas" Shoshone

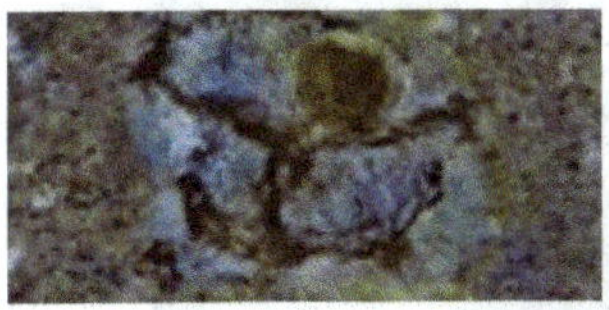

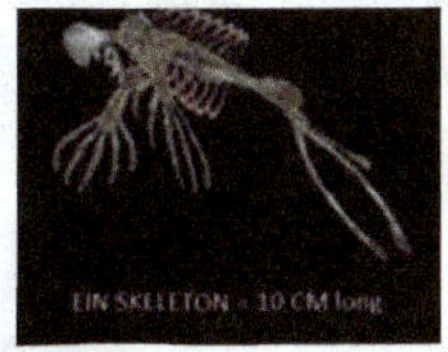

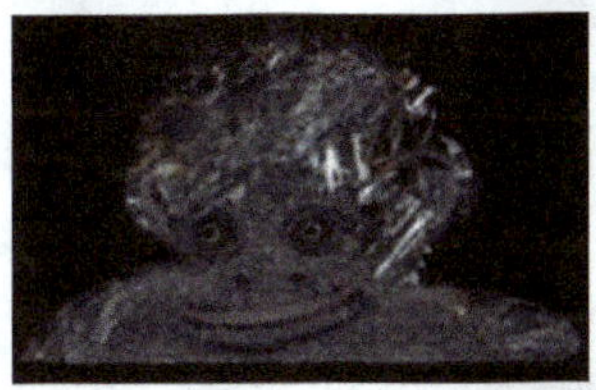

Anatomía escalada como parte del sistema integrado de las especies.
Evidencia de colonización cerca de las presas de impacto, sitios activos de cohetes.
Boca grande y expandible para la entrada de agua.
Lengua ósea que dispara dardos venenosos.
Ojos grandes, 3 párpados como los tiburones para protección en todos los entornos acuáticos y terrestres.
Brazos grandes y fuertes, manos grandes con 5 dedos largos.
Médula ósea sinuosa.
Contenido de carbono.
Omnívoro, caníbal, prolífico y de naturaleza esquiva.
Los huesos muestran especies de las Montañas Rocosas de hasta 1 metro de altura.

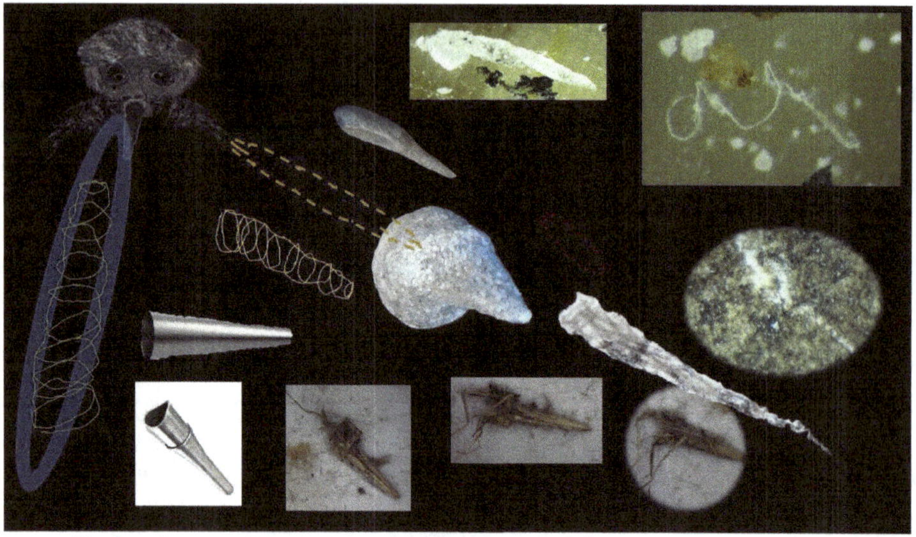

El telum de percusión es un ingenioso mecanismo de defensa y herramienta de caza.

El hueso de la lengua (en el centro) forma la punta del dardo cuando el material salival sinuoso interno se envuelve alrededor para dispararlo desde la gran boca expandible de la criatura. Incluye dardos microscópicos que se enganchan y se fijan para anclarse en la piel. Cuenta con un proyectil satelital de varios kilómetros de largo.

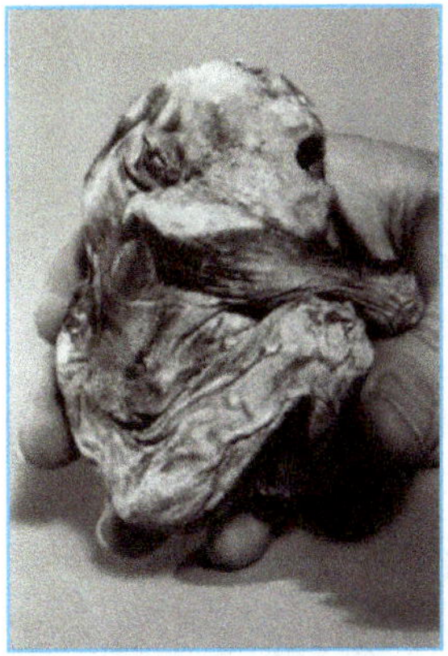

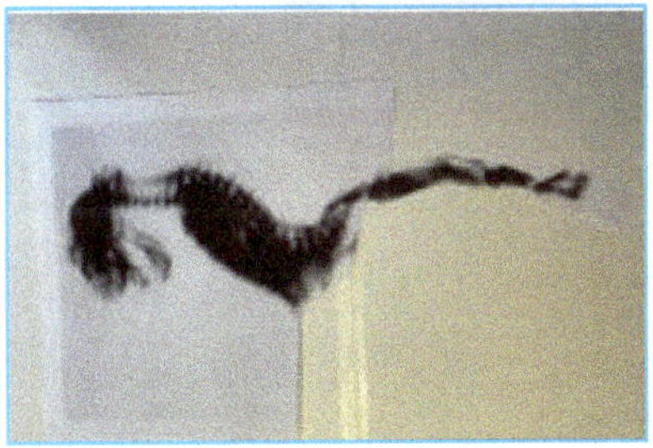

Especímenes de Wyoming: Momia La Chiquita (izquierda), los rayos X de la Momia el "Hombrecito" de las Montañas Pedro me ayudaron a resolver la anatomía y no solo como excavador agresivo, sino que después de hacer el recorte, tenía todo el sentido que fuera una criatura nadadora y deslizante con cavitación corporal. Tiene ojos grandes y tres (3) párpados como los tiburones, con una boca abierta controlada para la propulsión en el agua y la energía de percusión de la cerbatana. De lado, la criatura es plana como una ninfa de libélula que utiliza la propulsión corporal.**

Créditos fotográficos del Museo de Historia Natural de la Universidad de Harvard de Wyoming.

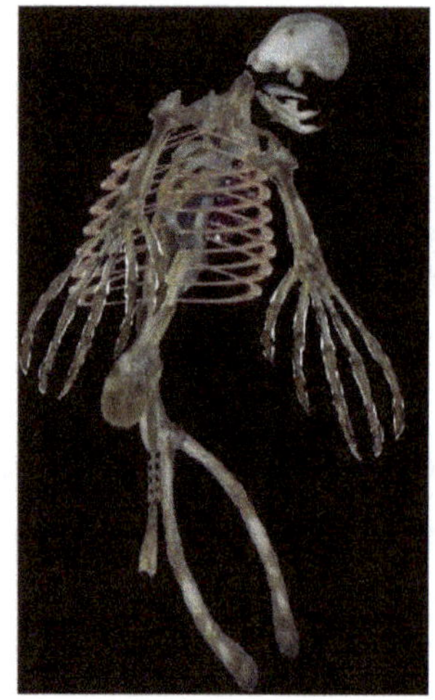

Hizo coincidir los fósiles con los petroglifos y las momias de Wyoming. Las radiografías de las momias, junto con los esqueletos de Colorado, fueron una pieza importante del rompecabezas, resolviendo su propósito basado en su colonización, hábitat, anatomía y excavación, programados para manipular la superficie y reconstruir la especie maestra de los cohetes.

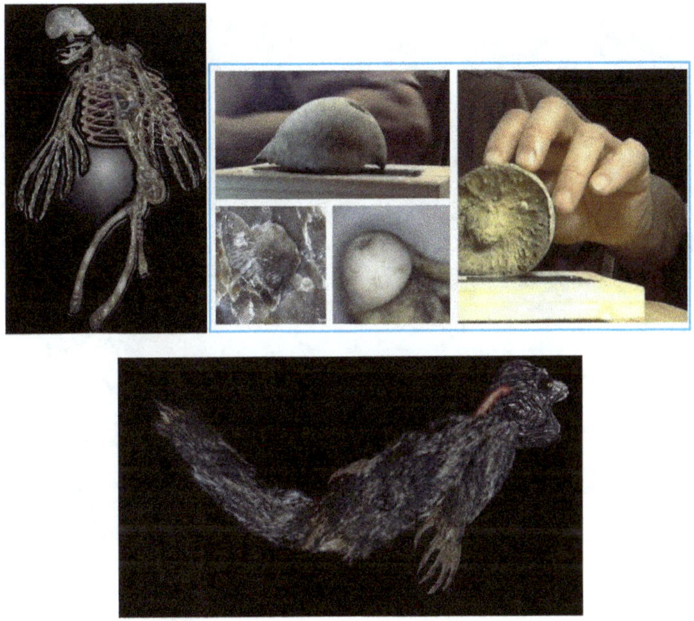

Célula de combustible de agua esquelética, desde microscópica hasta más grande.

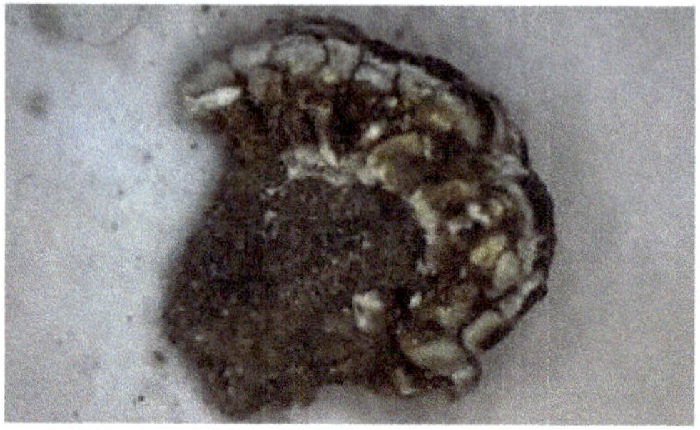

Element	Mass%	Atom%	Sigma	Net	K ratio	Line
C	15.89	26.41	0.03	19266	0.0154549	K
N	4.44	6.33	0.09	2137	0.0135901	K
O	35.54	44.34	0.09	67238	0.1586522	K
Na	0.64	0.56	0.03	3074	0.0065336	K
Al	1.44	1.06	0.04	7489	0.0179158	K
Si	2.59	1.84	0.05	12890	0.0353457	K
P	11.16	7.19	0.09	43598	0.1243185	K
Ca	21.79	10.85	0.16	41870	0.3245976	K
Zr	6.52	1.43	0.23	16439	0.0645524	L
Total	100.00	100.00				

Los resultados de la Microscopía Electrónica de Barrido (MEB) ósea. La cabeza, la piel, las mandíbulas y la pelaje se recortaron para crear figuras preliminares.

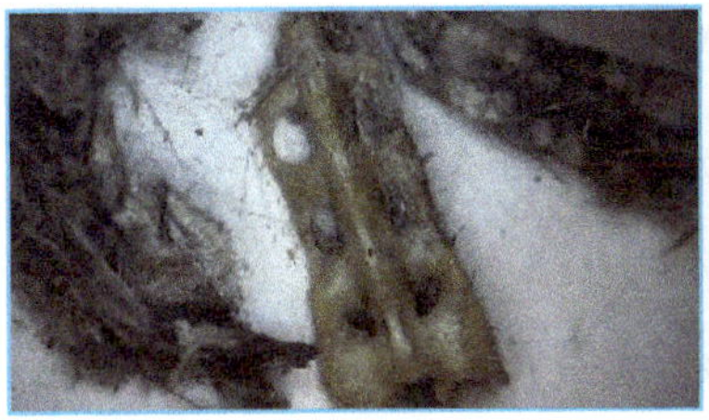

Hueso coxígeo articulado.

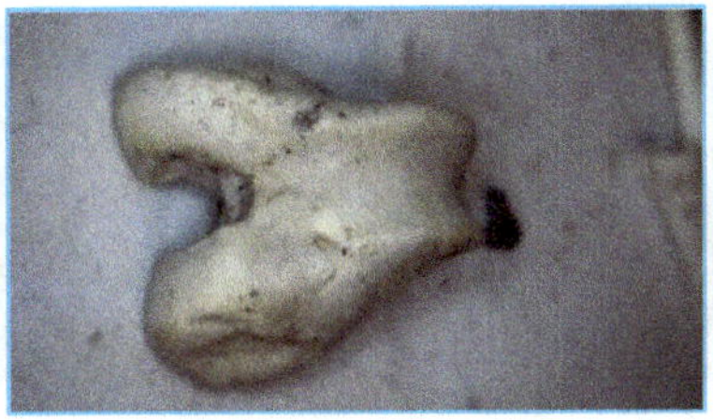

El cráneo pequeño muestra el surco pulmonar.

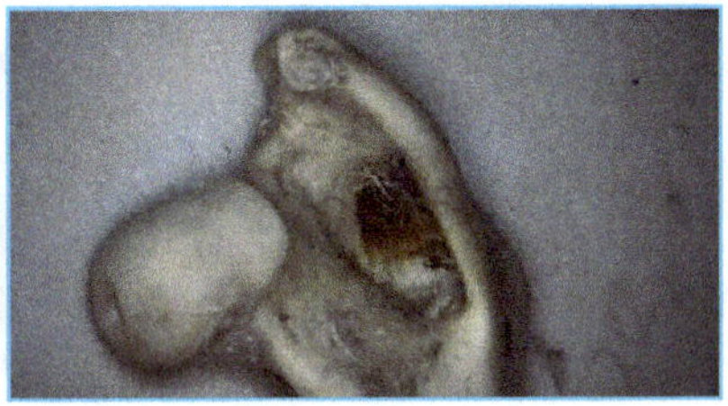

Cámara de batería de agua.

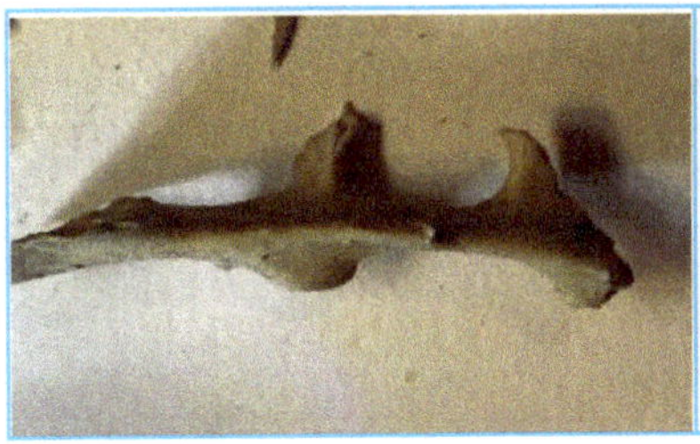

Hoja corporal curvada.

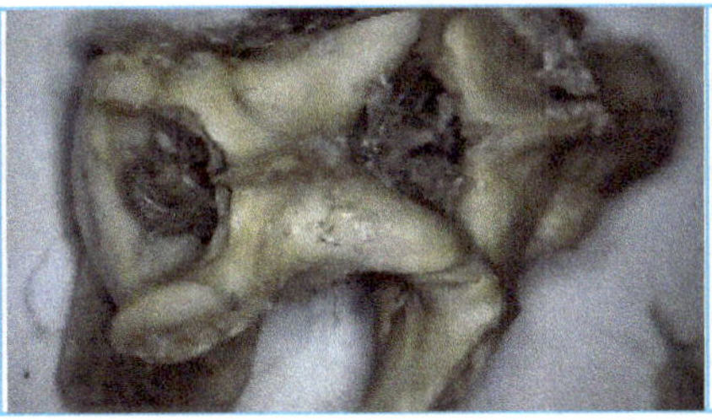

Torso

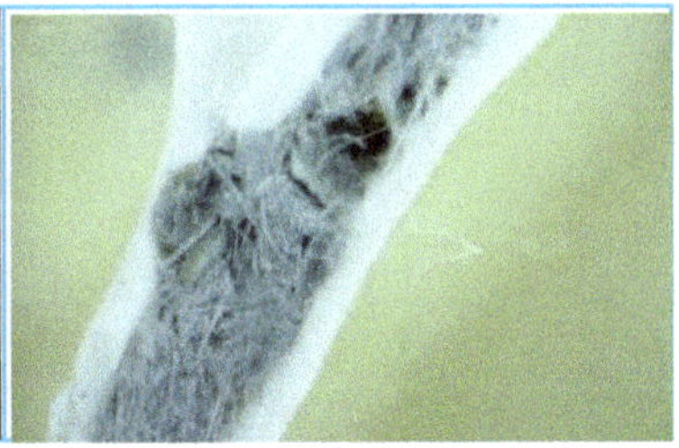

El hueso de la pierna muestra material medular sinuoso.

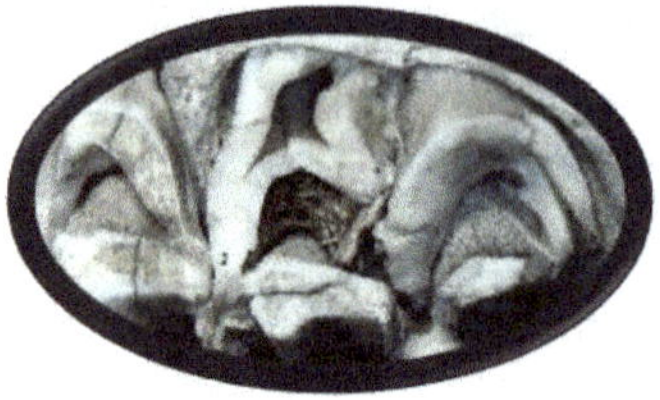

Caries dentales que almacenan 3 materiales de mezcla diferentes.

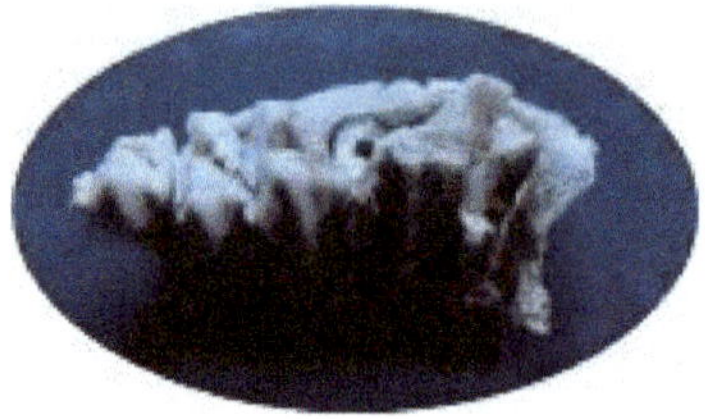

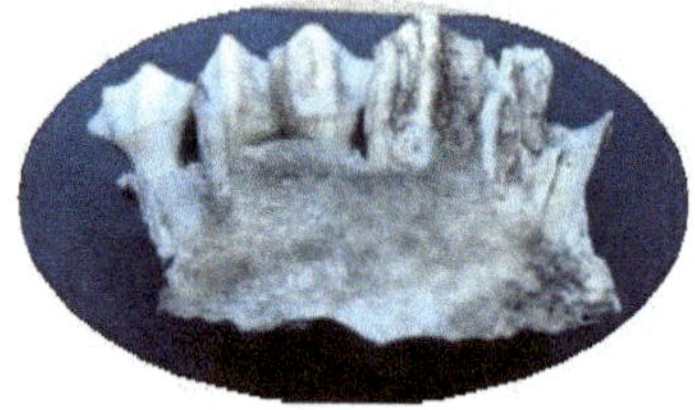

El hueso maxilar del EIN también es un cohete.

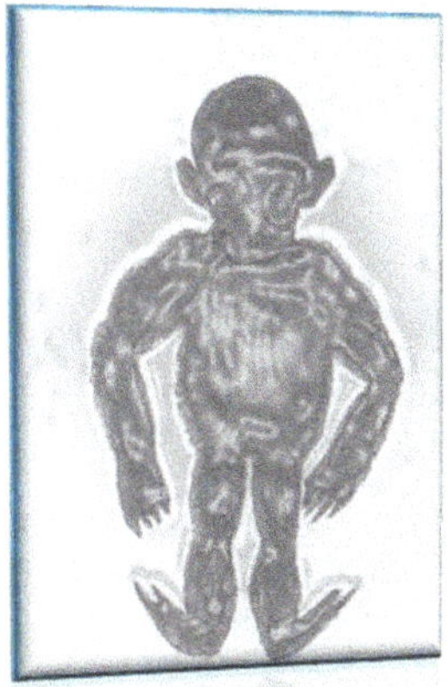

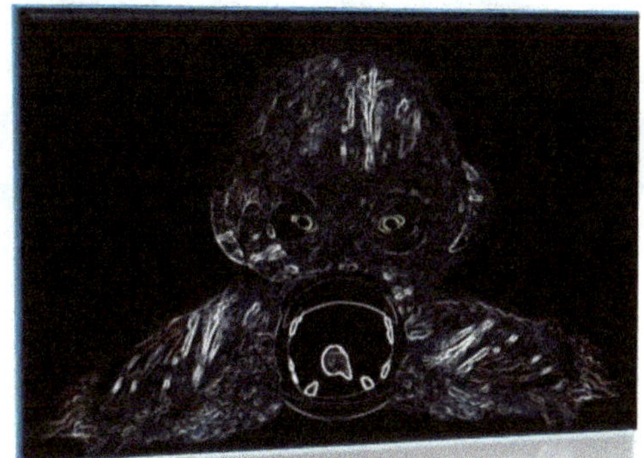

Desde la primera imagen sin esqueletos que dibujar (izquierda), hasta la que se ve amenazada, fue un aspecto fascinante estudiar la anatomía de esta especie esquiva. No se han encontrado más huesos porque se disuelven, volviendo a la Tierra y regenerándose. Debido a la misma especie, no se han descubierto esqueletos de Pie Grande, criaturas del pantano u otros.

Esta especie se encuentra principalmente en el oeste de Estados Unidos.

Jones Pass, Colorado, 2021. Descubrí este túnel EIN de 1 metro al otro lado de un arroyo. Sabía que era el resultado del trabajo de un equipo de perforación con cuchillas en granito. Esta cueva se encuentra en la base del descubrimiento de la Fábrica Rocket Mountain.

La cueva del Hombrecito en Wyoming, 1932. Se encontró una momia de 38 cms en una cueva similar en dimensiones y precisión.

Las primeras especies EIN pueden haber estado más vinculadas al agua, ser metálicas y robóticas, pero pueden haber cambiado de color con los niveles más altos de oxígeno, las temperaturas y la evolución de las fuentes de alimento marinas y terrestres. Los fósiles y la literatura describen a la criatura con un pulmón acuático, pero esta característica era difícil de representar adecuadamente.

Invasión

El capítulo desarrolló mi pensamiento sobre el vuelo, la mecánica de aterrizaje y los aspectos astrogeológicos y exobiológicos de la estructura de invasión de la especie.

Dado que las bombas impactaban repetidamente y de forma localizada en la superficie, necesitaba conocer las trayectorias de vuelo, los patrones de aterrizaje y de expansión de la especie. Con los datos suficientes recopilados en el oeste de Estados Unidos, se pudo rastrear su presencia en todo el mundo.

Los patrones superficiales deberían ser reconocibles para mucha gente, especialmente en el oeste de Estados Unidos. Más personas estudiarán el impacto rutinario de los lagos de presas en sus viajes, en los parques de su vecindario, en los campos de golf y quizás en sus propias tierras.

Hasta la fecha, los bombardeos solo han sido teorías para cualquiera de las seis mayores extinciones masivas debido a los cambios en las condiciones registradas. Pero lo que no se ha registrado hasta ahora son los recursos de eventos extremos que causaron estos cambios severos.

No fue un solo asteroide estéril y aleatorio el que acabó con los dinosaurios. En cambio, fue lo que vivía dentro de las bombas y lo que ya estaba en la Tierra durante el Jurásico.

Los alienígenas omnipresentes necesitaban minerales, metales y recursos de biocombustible para vivir de los océanos y los millones de lagos creados.

La explosión cámbrica, las extinciones masivas y los periodos de la Gran Discordancia no son aleatorios ni casuales. La vida marina y vegetal prehistórica se cultivaba y diseñaba para ser cosechada a lo largo del tiempo, en cualquier momento.

En el capítulo se revela el nombre de la especie animal invasora.

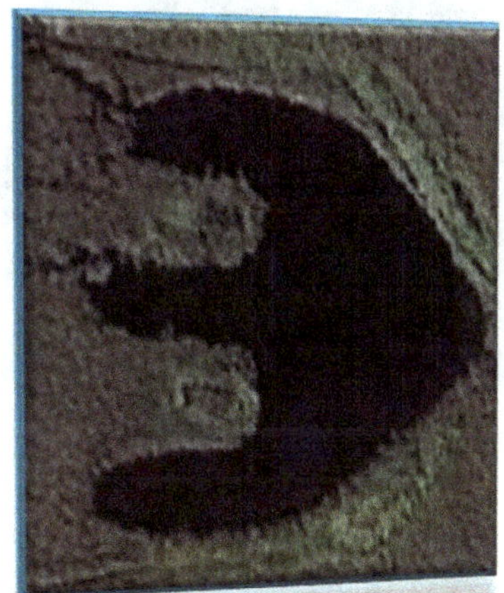

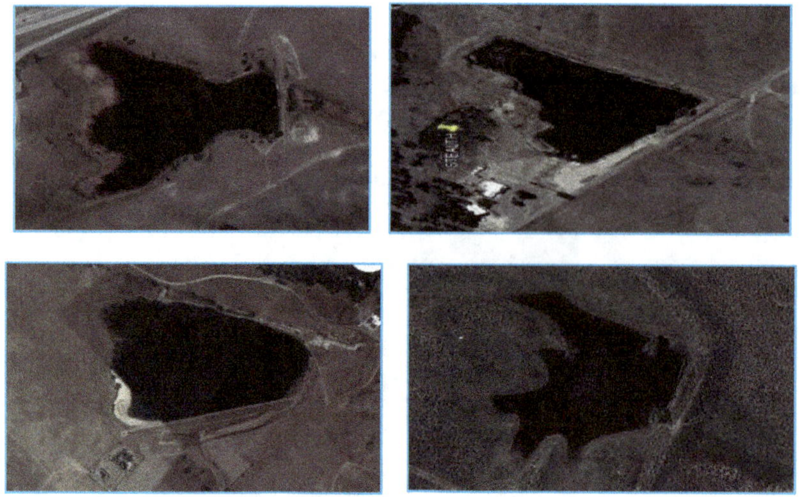

Innumerables bombas alienígenas impactaron en el oeste de Estados Unidos y en todo el mundo, formando lagos de impacto. Están recubiertas por una coraza metálica exterior reforzada que penetra violentamente en la superficie con un pie de aterrizaje accionado por resorte.

Luego se extiende para crear un sistema de control del agua en el que el hábitat de la matriz se mineraliza fuera del agua y nacen los trabajadores de la subespecie.

¡El diseño del bombardero furtivo ya se utilizaba hace miles de millones de años!

Durante este tiempo de investigación, antes de encontrar el símbolo de la invasión, todavía no sabía qué eran las bombas ni qué forma tenían, que causaban una deformación tan vívida en la superficie de las llanuras.

Utilicé el proyectil incrustado en la gema alienígena aguamarina, ya que era la única pista sólida en ese momento para comprender las características de aterrizaje y penetración.

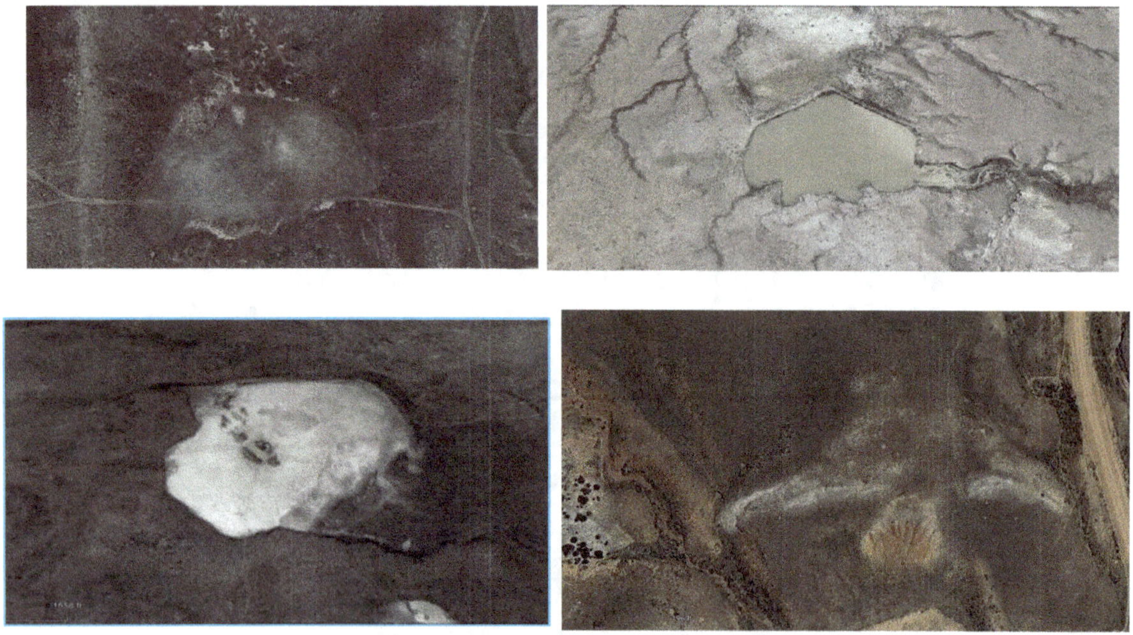

Los impactos muestran las cubiertas exteriores endurecidas de las especies.

Los impactadores están recubiertos por una cubierta metálica exterior reforzada que golpea la superficie con un pie de aterrizaje accionado por resorte que se clava profundamente en la superficie y luego se expande para crear sistemas de control del agua donde el hábitat de la matriz mineraliza al alienígena con agua.

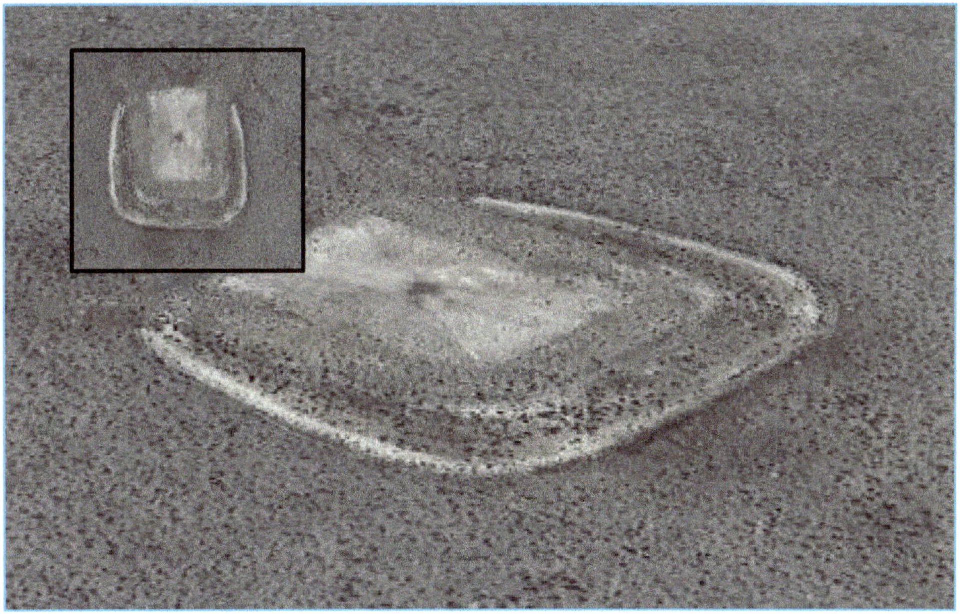

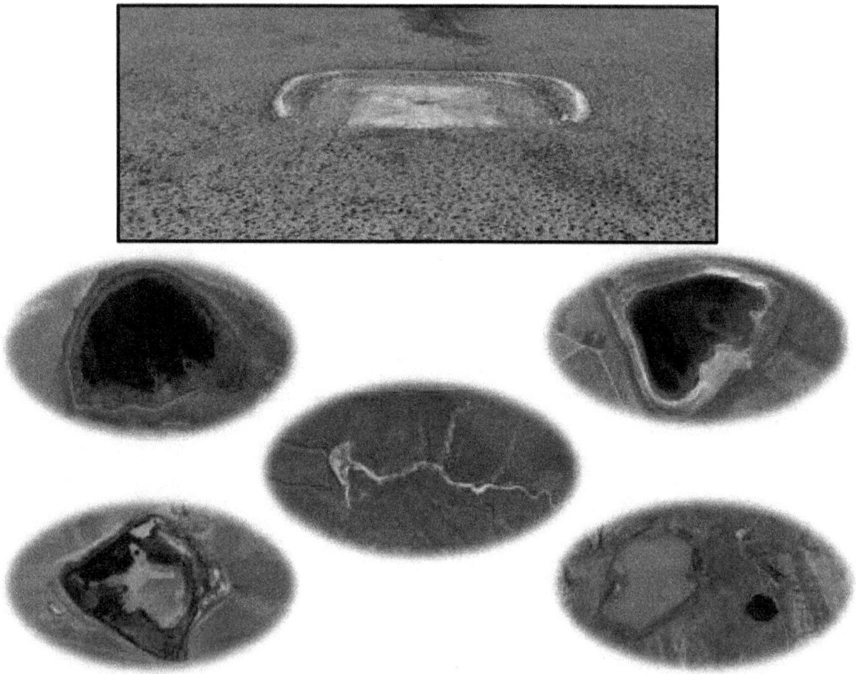

Fue un episodio de bombardeo implacable con señales por todas partes. Otro desafío constante es dejar de tomar fotos y gestionar las imágenes para presentarlas adecuadamente al público.

La sección transversal de un aterrizaje en Wyoming muestra el telum mecanizado con resorte, el lanzamiento del dardo terrestre y la mecánica de penetración que entierra al alienígena anclado lo más profundamente posible para vivir en la tierra. La especie libera una larga cola con púas que se expande y se despliega en busca de H_2O (agua). Se estima que el aterrizaje tuvo lugar hace entre 10.000 y 15.000 años.

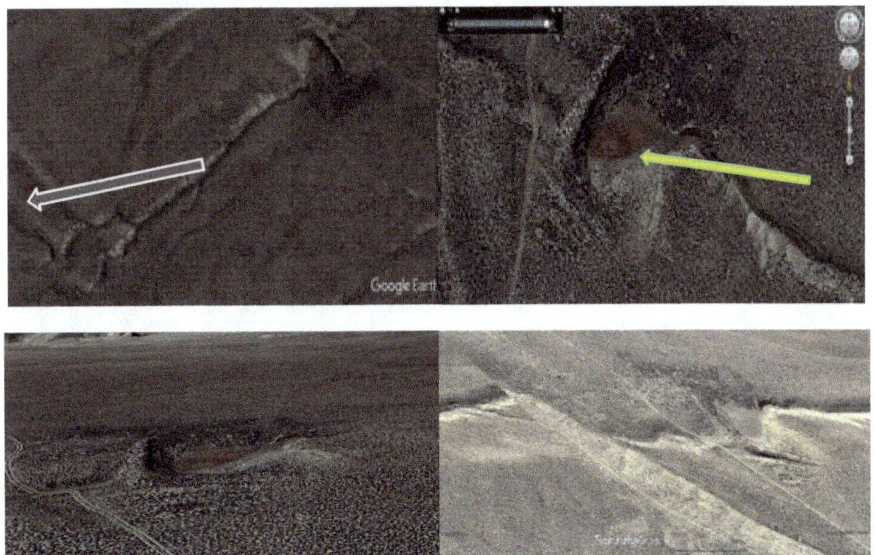

Sur América: una bomba alienígena se estrella contra tierra blanda.

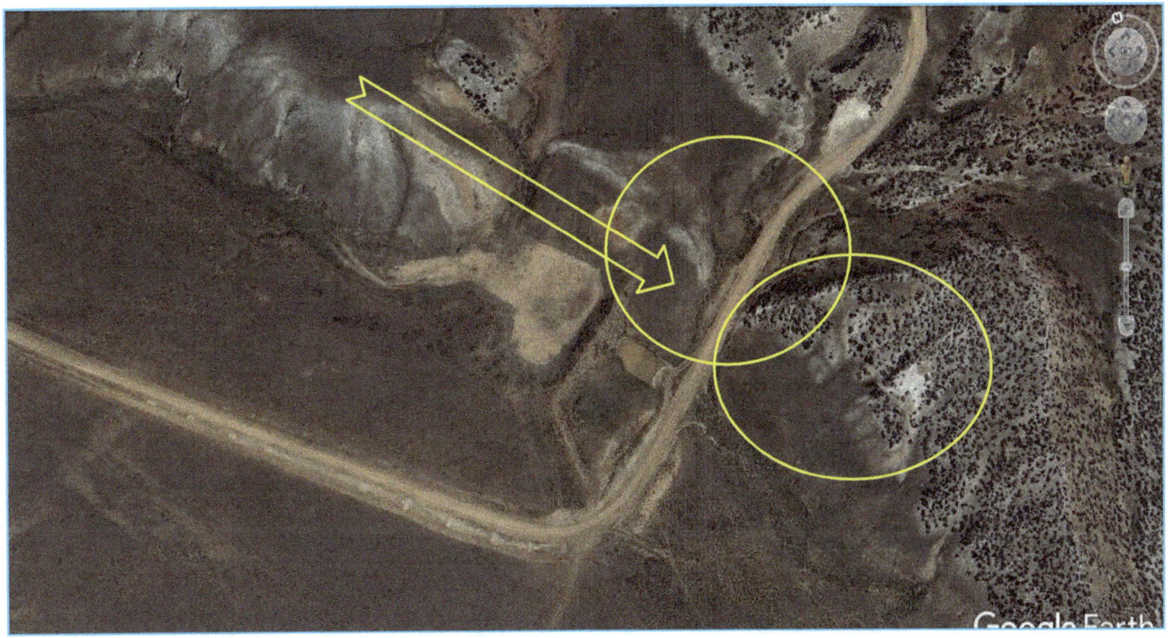

Lugar en Wyoming que muestra la dirección de aterrizaje, el aparato de penetración y el proceso inicial de construcción de la presa.

Exterran Infinitas Erucae Animantis (EIEA): Cohete Orgánico Extraterrestre Infinito

Norte de Wyoming - El descubrimiento de esta especie de impacto de 482 km de ancho, sus características internas se reconocieron de forma rutinaria en el campo y en el satélite para identificar los rasgos comunes de la especie impactante. Al principio, estaba seguro de que acababa de encontrar el fósil más grande del mundo, pero se hicieron más grandes. Esta es la foto del Top 10.

Un aterrizaje fuera de este mundo expone un enorme espécimen de cohete con ojos y un cuerpo que exhibe el gran diseño de la raya. Al estudiar las espirales de los ojos, los contornos, pude encontrar los ojos alienígenas por todo el mundo en la superficie o en parte de los paisajes urbanos.

El espécimen del sur de Chile fue otro avance en el descubrimiento, al ver cómo se extienden y segmentan los fuertes brazos metálicos, el despliegue se produce con el tiempo a partir de la supercompactación. Otros especímenes de la zona parecen enormes abanicos aluviales.

Impacto del vuelo, eje principal

La cortina de encaje, Delta, Utah

Delta, Utah - lugar del impacto, de 5 km2, muestra especies de impacto alienígenas con características de la fuerza y la reacción de su mecánica de aterrizaje. Esto provoca la rotura de las capas metálicas exteriores, lo que causa un efecto dominó de expansión hacia el exterior para contener el agua y vivir para siempre.

Aterrizaje en lo alto del desierto boliviano, este sitio de bombardeo alienígena exhibe una capa exterior gruesa y extremadamente dura que se fragmenta y se expande.

Son visibles la bolsa de agua azul, los circuitos electrónicos y la aleación de la superficie (matriz de rejilla).

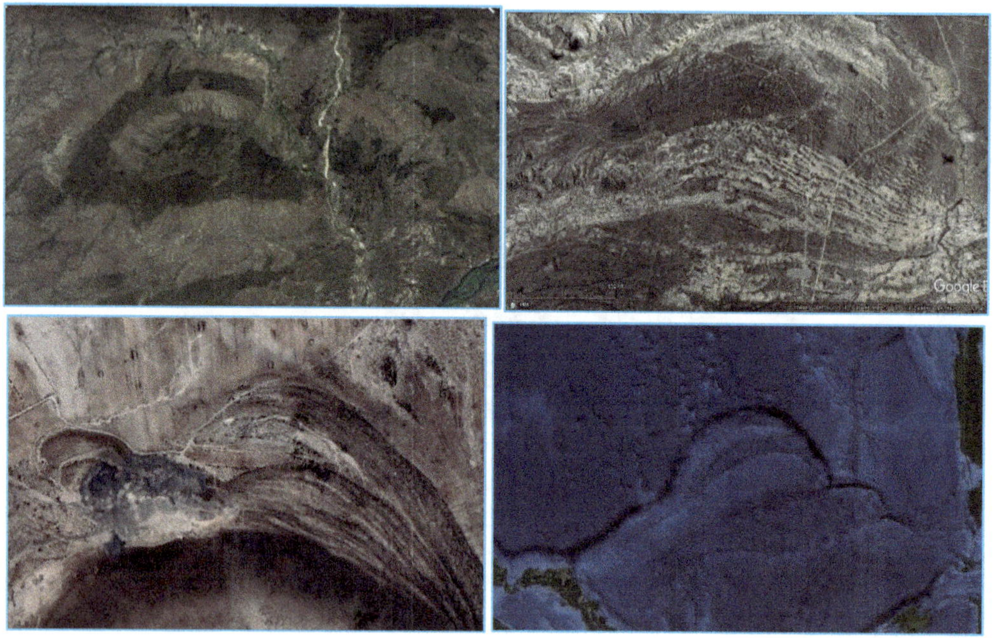

Estas características distintivas de la capa exterior en desarrollo eran al principio solo procesos geológicos anómalos, pero ayudan a caracterizar la naturaleza expansiva de la especie. Se necesitan más libros para mostrar la gran cantidad de datos.

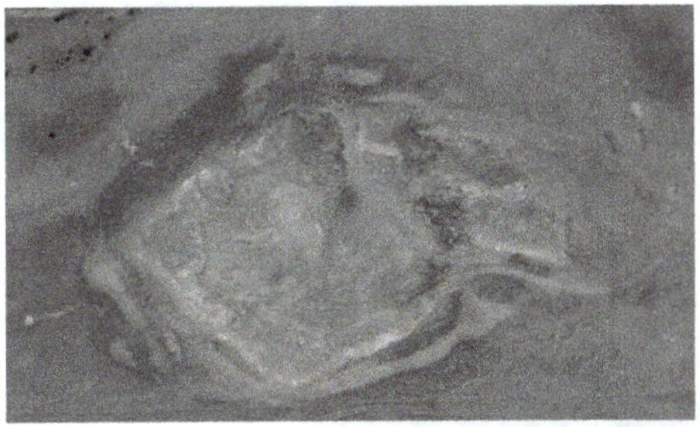

Las especies EIEA de Wyoming muestran una segmentación ósea de la boca similar, que se abre hacia el mero gigante. Estas características se asemejan a animales marinos y terrestres del pasado y del presente.

La especiación distintiva y los patrones de recursos se explican con la geociencia, pero no con la teoría.

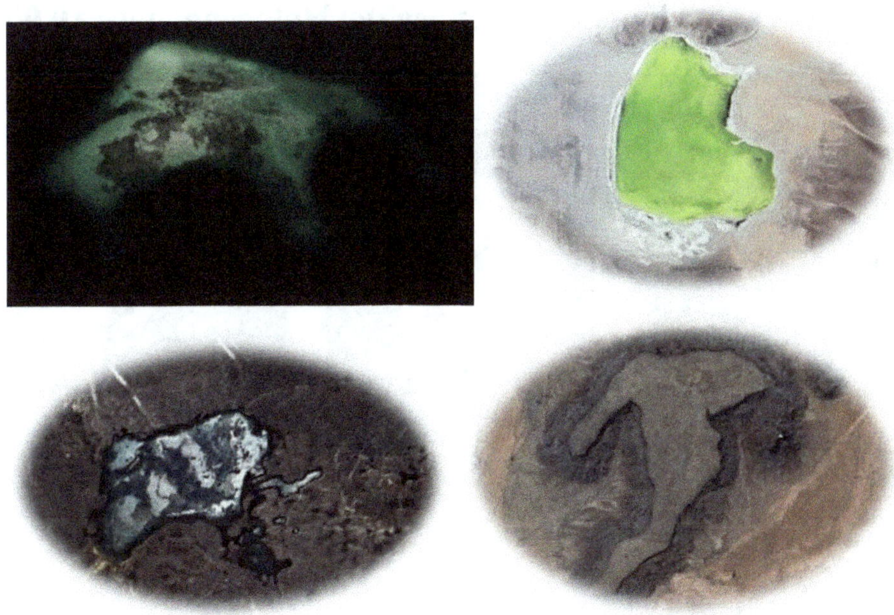

Las pruebas se encuentran en todas partes en Google Earth, en todos los entornos del mundo, y todas tienen que ver con el agua. Dado que los recursos hídricos ambientales determinan los ciclos de letargo y crecimiento en la Tierra, el trabajo debería servir para conectar más puntos.

6 – La última extinción masiva; época del Holoceno, hace 10.000 años.

Durante el Holoceno, las bombas impactaron en toda la Tierra, como se puede ver en los cráteres y lagos de impacto, primero en Wyoming. Los bombardeos masivos más recientes fueron invasiones cíclicas a lo largo de los primeros tiempos. Las bombas se fabricaron con rocas terrestres extraídas durante este periodo, que comenzó en el Precámbrico.

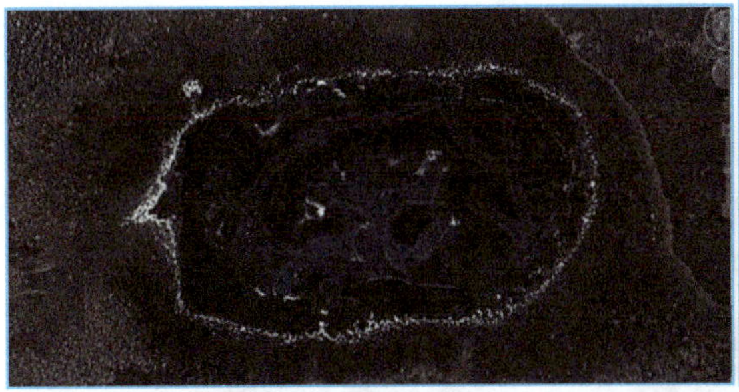
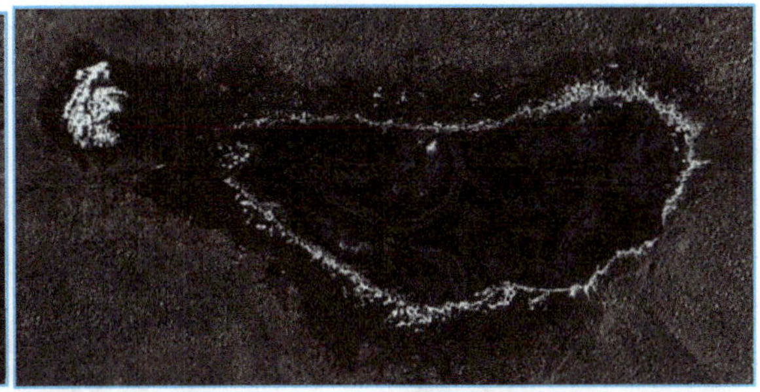
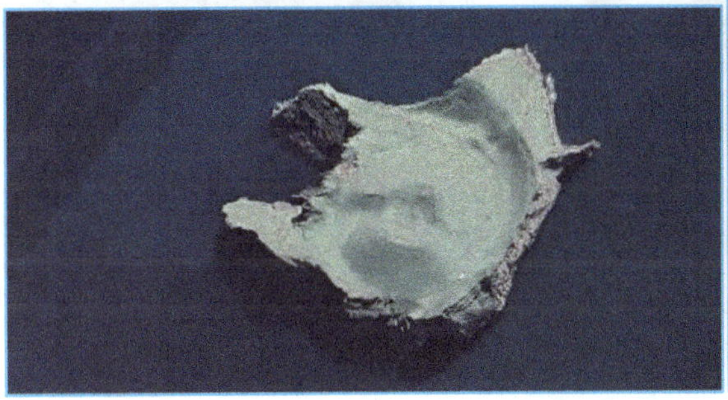

Los atolones y las islas que se encuentran en los océanos no son todos depósitos volcánicos ni microbianos.

La masa terrestre es la invasión del espacio exterior que se repite una y otra vez como restos geológicos.

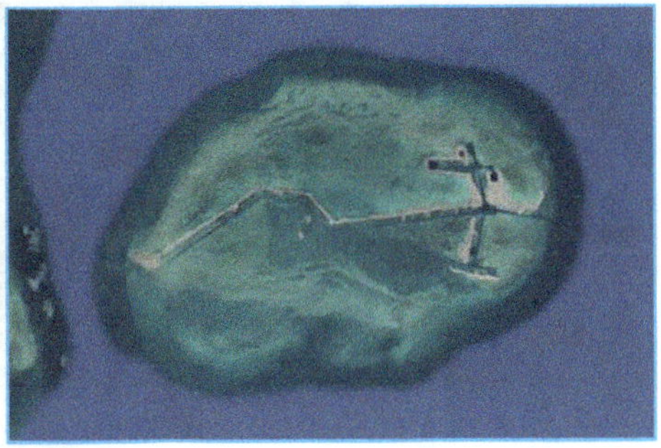

Los atributos constructivos y metálicos se observan de forma generalizada en las especies más antiguas.

Rover Perseverance de la NASA, septiembre de 2022

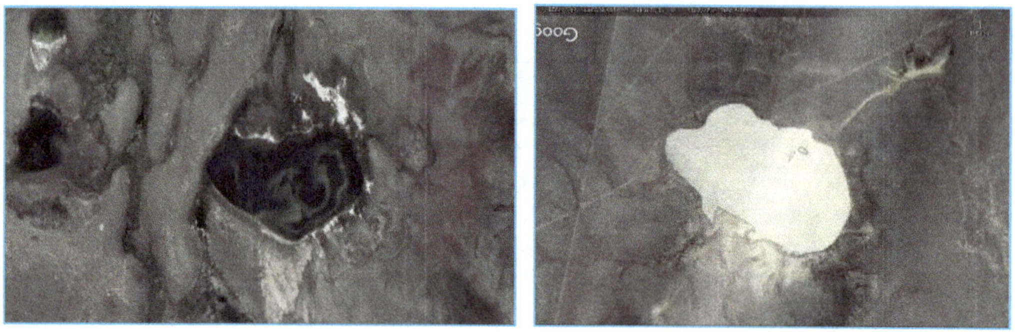

La existencia de vida en Marte queda ilustrada por la misma especiación e impacto que se encuentra en la Tierra.

Las especies animales exóticas invasoras (EIEA) varían en color y en su nivel de concentración por todo el mundo dependiendo de la temperatura del agua, la comida, la profundidad del océano y el hábitat de la formación terrestre.

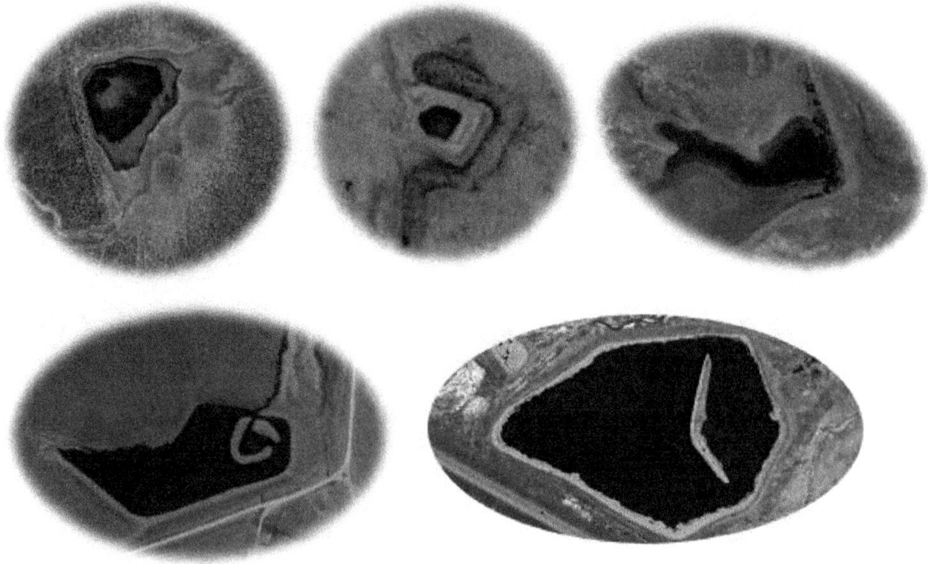

Las características de las presas de impacto alienígenas se están revelando cada vez más, se han visto lugares de reconstrucción de cohetes a 5.500 mts de altura en el Himalaya y en las Montañas Rocosas.

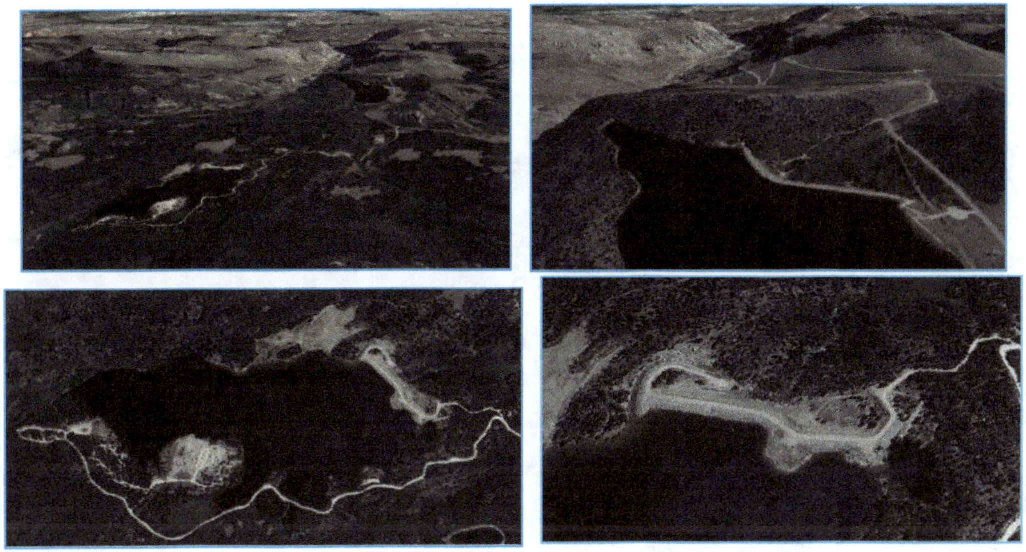

Tras realizar un análisis logístico y de costos del embalse de Frye Lake y Worthen, se determinó que las presas no son construcciones humanas en absoluto, dada la carga de toneladas de roca, el dinero y las limitaciones de tiempo de construcción en una carretera de montaña sinuosa de 16 km hasta llegar a las ubicaciones a 3.000 mts de altura. Simplemente no son viables y no se construyeron para el almacenamiento de agua de riego, el control de inundaciones, ni tienen un uso económico ni ningún principio tradicional de mitigación o ingeniería humana.

Las características de los lagos de doble impacto en Wyoming revelan la gran sofisticación y la circulación estelar de los patrones de salida.

Una estructura de capas más profunda y sofisticada parece ser la forma más eficaz de estimar la antigüedad de la invasión de las formaciones.

Estas parecen ser del Precámbrico tardío y del Cámbrico temprano. He comprobado algunos de los embalses más grandes de Wyoming en los Archivos Nacionales para obtener permisos de construcción de presas. Sin embargo, fue una pérdida de tiempo y no resultó práctico, ya que, al fin y al cabo, estos embalses no eran artificiales.

Algunos de los embalses artificiales más grandes de Wyoming cuentan con sistemas de tuberías de salida que manipulan el caudal y alimentan kilómetros de tierras desoladas a lo largo de las llanuras de Wyoming. Todo se reduce al volumen de almacenamiento de agua y a las reacciones químicas a escala.

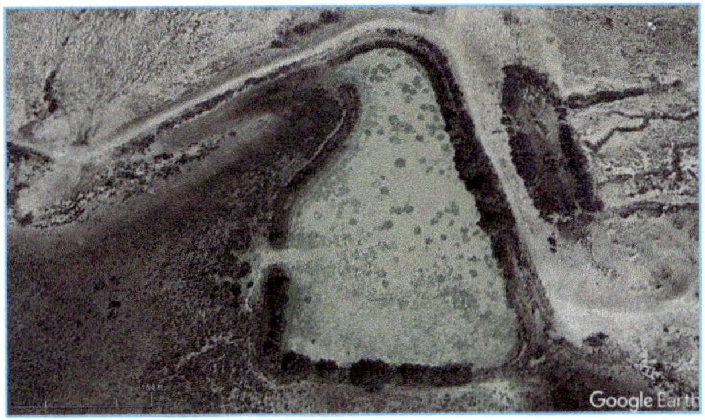

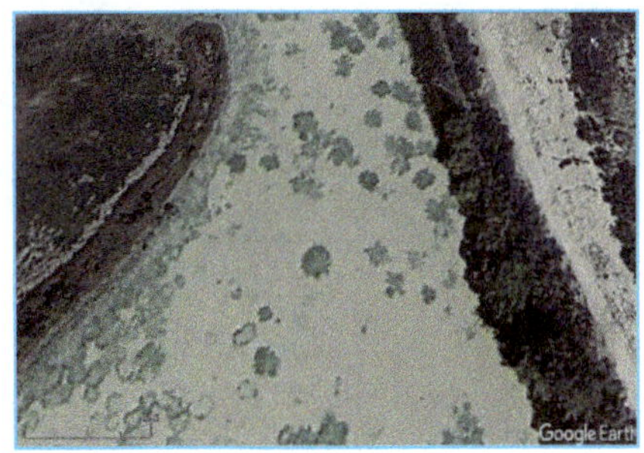

Las presas de impacto tienen montículos excavados asociados, pasados y presentes, trabajados y habitados por la criatura EIN.

Descubrimiento del Cráter Cobalto

El cráter azul cobalto muestra un ejemplo a gran escala del proceso de superaleación y las propiedades de aceleración, especialmente importantes en los últimos 20 años.

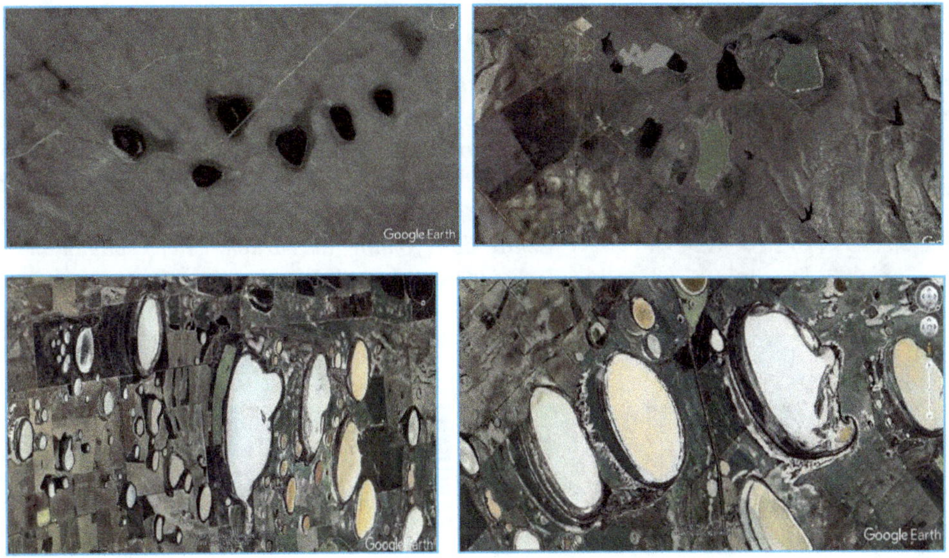

Los enjambres de aterrizaje son evidentes en todo el mundo y se ha determinado que son lanzados repetidamente desde los cañones de los cohetes espaciales.

Condado de Jefferson, Colorado

La investigación del impacto del lago en la estructura de la presa y el mortero de roca corroboró los más de dos años de trabajo previos sobre el capítulo "Invasión". Un año antes, en 2021, también descubrí montículos EIN activos. Al conducir por la cordillera frontal de Colorado hasta el Centro de Wyoming, las características son tan abundantes que incluso mis amigos y familiares ahora creen en ellas.

Las rocas de granito de tamaño universal, clasificadas y ordenadas, son uniformes, apiladas y con bordes planos, y constituyen el componente más duro de la cubierta exterior, diseñado para resistir impactos. Las ranuras del mortero de la presa muestran que fue construida con manos rígidas, nudillos grandes y pies con pezuñas. No hay arroyos ni ríos que embalsar, tal y como se ha constatado en el estudio, independientemente del tamaño o la ubicación geográfica.

Creo que la inundación de Jamestown, Pensilvania, en 1899 fue la causa del colapso de uno de estos lagos a partir de una "presa construida por la tierra".

La Matriz

Los descubrimientos del campo de La Matriz establecen las etapas estructurales desde la teoría hasta las aplicaciones mecánicas que se observan en la geometría de la superficie terrestre, donde hay un tapiz de metales multicolores forjados en cohetes orgánicos prístinos a lo largo del tiempo geológico.

Estoy seguro de que millones de viajeros aéreos y pilotos han visto los patrones de La Matriz en el paisaje, ya que es una característica superficial innegablemente vívida y acelerada que se observa en todo el mundo. Durante los primeros cuatro años de trabajo, he visto algunos cambios dramáticos desde 2020 en Google Earth. Comprender el proceso de cristalización ahora debería acallar cualquier teoría no científica.

Las piezas más preciadas y convincentes de La Matriz son piedras preciosas translúcidas con patrones y una superaleación de cohetes alienígenas producida sobrenaturalmente por un martillazo de 2 kg. La Matriz también destaca una sesión de microscopio de la piedra preciosa "Hielo Verde", en la que se examinan las especies que crecen a partir de gotas de agua. Esto da lugar a escenas de la película alienígena en tiempo real "Cuerdas".

El episodio formuló cómo debería ser la aplicación de la teoría de cuerdas en el ámbito de la geociencia. Mediante el uso de la Microscopía Electrónica de Barrido (MEB), examiné las piezas principales que contenían una firma de carbono común, pero que contenían una variedad de elementos constituyentes.

Los datos del capítulo sirven de punto de partida para un proyecto de modelización computacional para nuevas predicciones sobre la Tierra y son fundamentales para las formulaciones de supercompactación y estructurada exobiológica y astrogeológica de la Tierra.

Un cohete de 3 cm crece a partir del consumo de carbono de una tira de cinta adhesiva en el soporte del microscopio y sigue creciendo hoy en día.

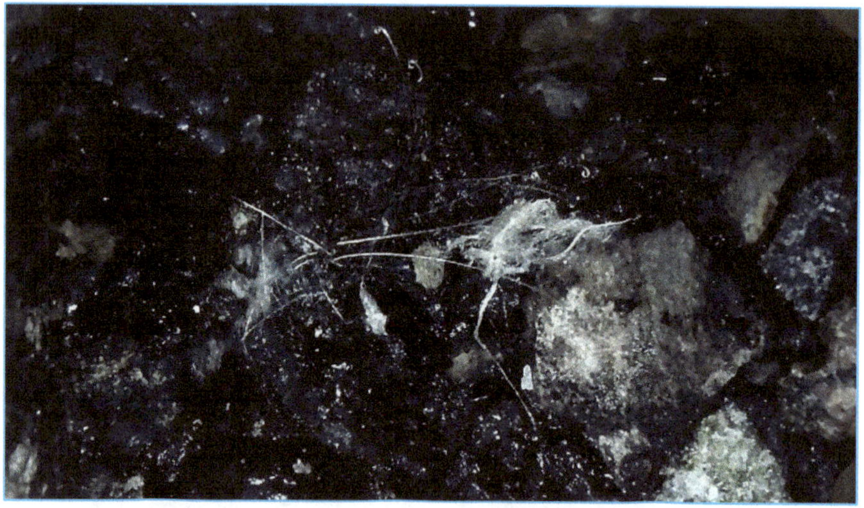

1 de agosto de 2021: T-Minus - 2 cm de vida del cohete aparece minutos después de que rompiera una roca matriz lacada en negro.
Esta forma de especie demostró ser una característica muy congruente a lo largo de la investigación.

A primera vista parecía una telaraña, pero era un tapiz de tecnología alienígena.

La muestra de T-Minus puede imaginarse como un cohete metálico volador que se materializa a partir de su matriz de superaleación.

Un microuniverso que refleja el espacio exterior en las especies que están aquí en la Tierra para quedarse..

Encuentro habitualmente rocas cristalinas densas, translúcidas y de alto brillo con patrones geométricos complejos, coloraciones y firmas químicas variables.

Otro espécimen completo en sí mismo, los fragmentos muestran las características de continuidad y exponencialidad.

Las configuraciones y materiales de los especímenes son únicos y fáciles de encontrar antes de que comience la investigación principal.

Puedo detectarlos por todas partes mientras camino y pesco una vez que conozco su forma.

Los dos especímenes de la esquina superior izquierda revelan las características de segmentación y apilamiento de las especies.

No es una llave, sino un cohete.

Cristal alienígena orgánico "Hielo Verde"

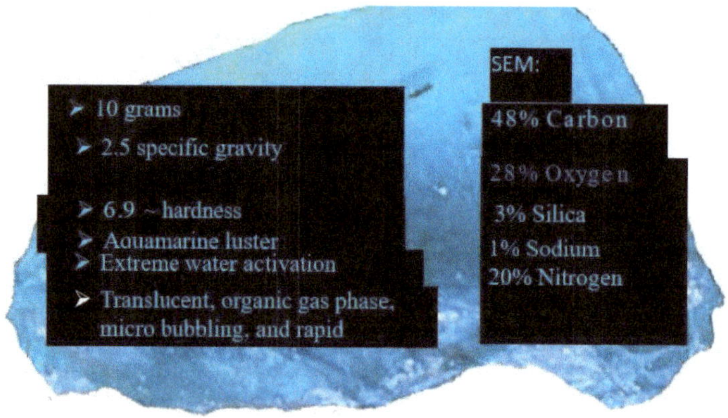

Descubierto en el Condado de El Paso, Colorado. Octubre de 2020.

Gema de color aguamarina con bordes curvos no naturales, facetas irregulares y cristalización interna intrincada.

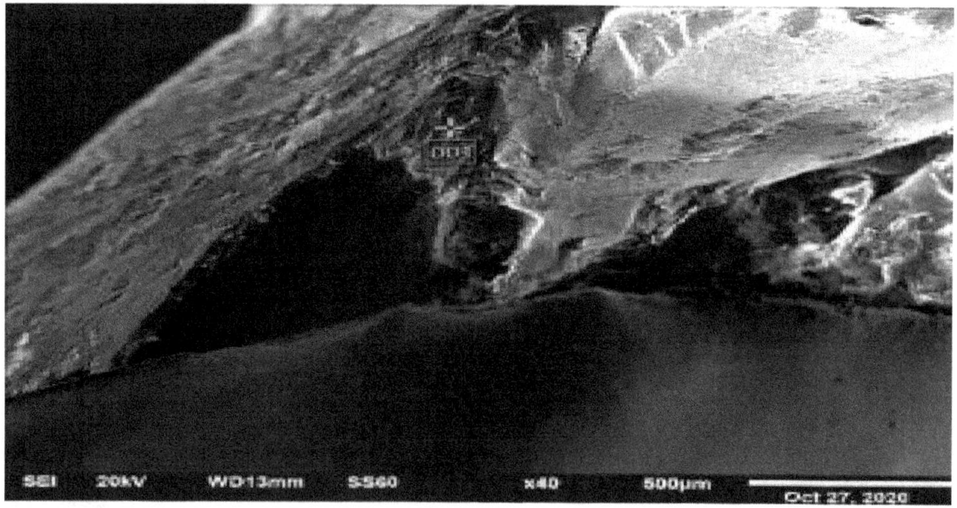

MEB: la Microscopía Electrónica de Barrido proporciona los puntos de datos críticos de forma puntuada que demuestran las firmas de carbono y agua de las diversas y muy diferentes muestras tomadas a mano.

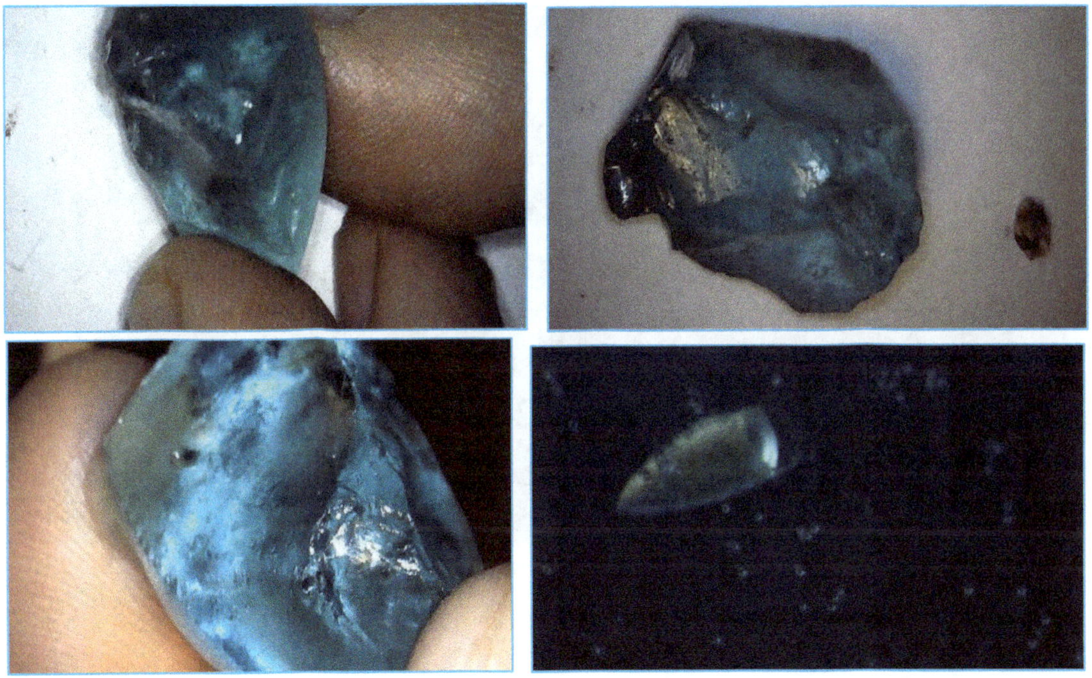

Al mirar a través del cristal saturado de agua se revelaron más pistas.

Las formas complejas y orgánicas dentro del cristal eran como descubrir un universo completamente nuevo y no podía dejar de tomar fotos a esta roca.

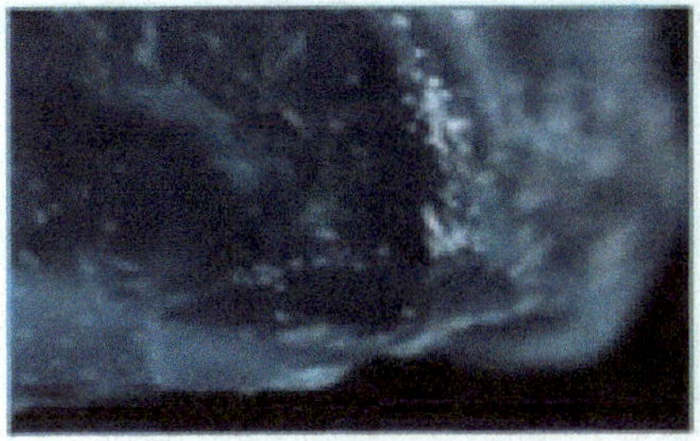

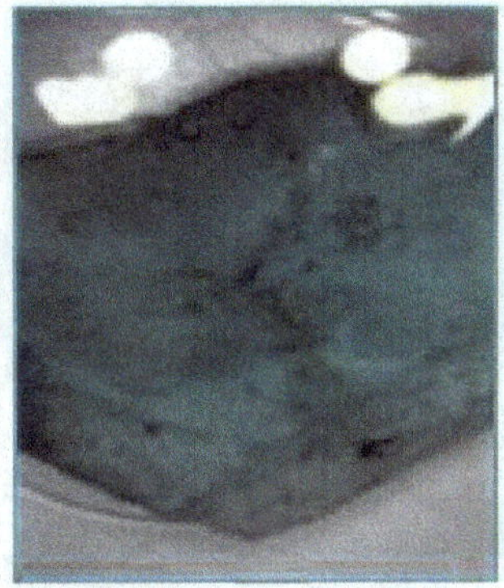

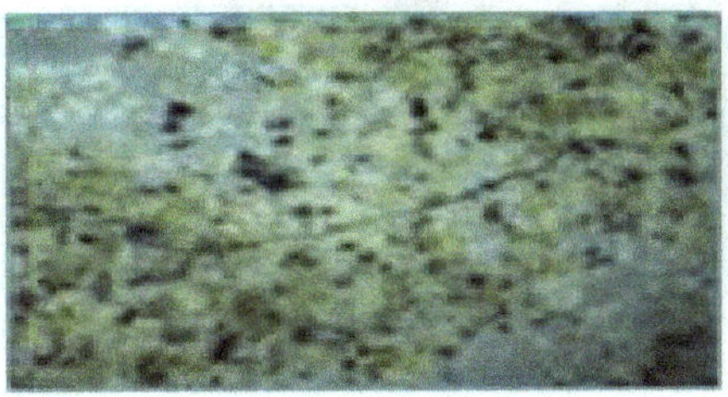

Miles de nanoburbujas aparecieron dentro del cristal mientras estaba sumergido en agua (H_2O), luego las gotas se secaron y cristalizaron para formar una naturaleza cuántica alienígena observable. Fue realmente como las escenas de una película de terror alienígena que capturé en video.

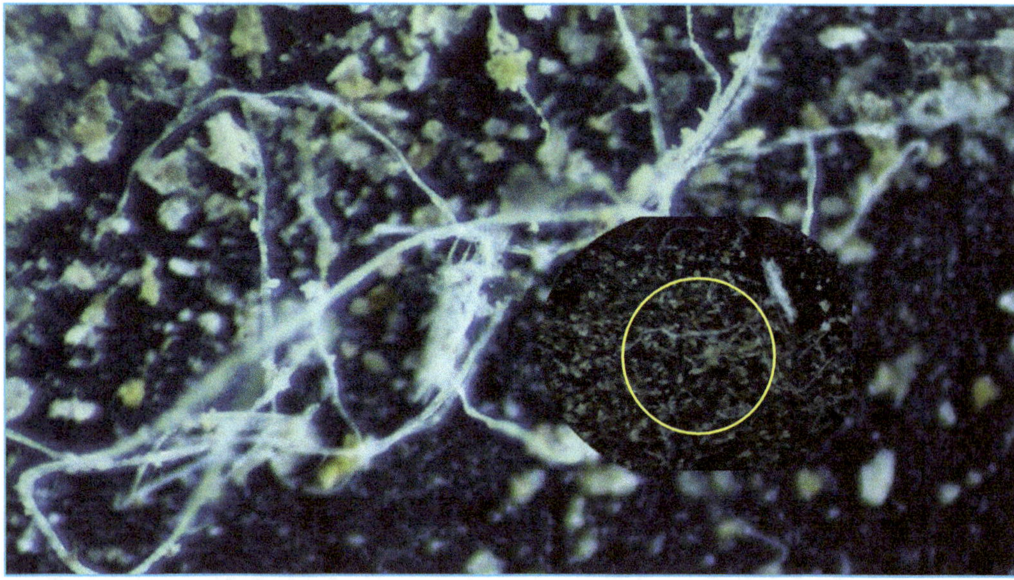

15 minutos más tarde, la vida extraterrestre se mineralizó y se activó a partir de una gota de agua. Esto es lo que significa y cómo se ve la teoría de cuerdas para un geólogo.

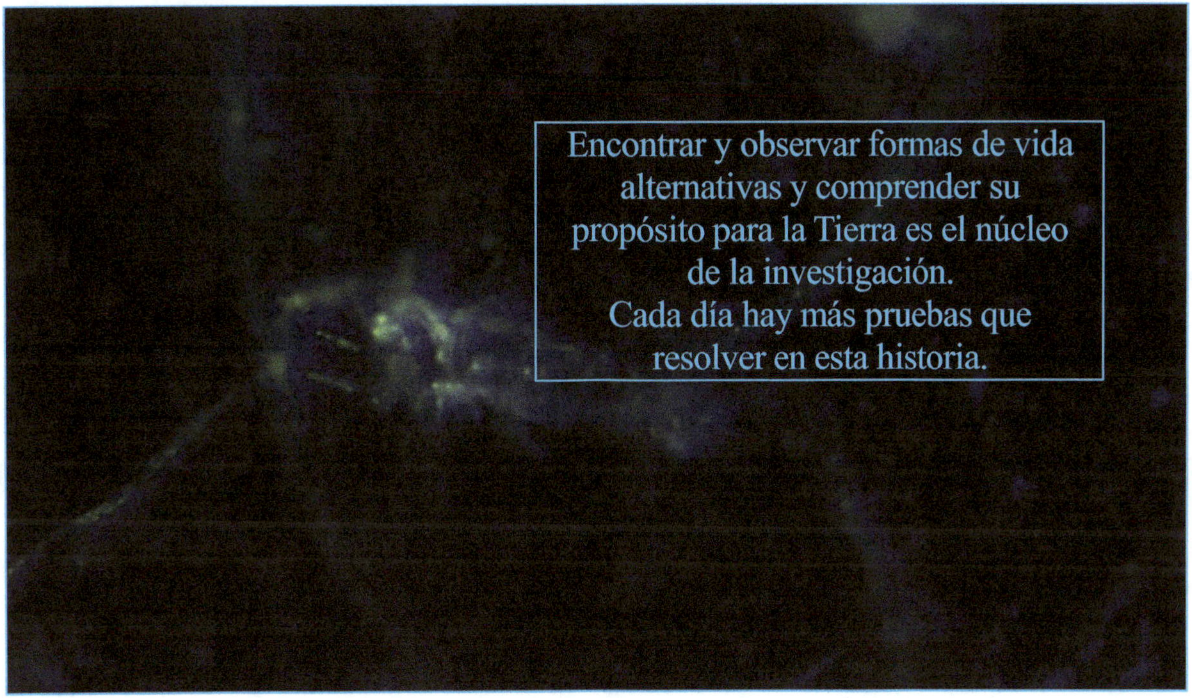
Encontrar y observar formas de vida alternativas y comprender su propósito para la Tierra es el núcleo de la investigación.
Cada día hay más pruebas que resolver en esta historia.

La película "Cuerdas" está en YouTube

Tesonita: Descubrimiento de Una Superaleación Extraterrestre

Condado de Lincoln, Colorado, marzo de 2021

3 cm

Producido por un martillazo de 2 kg sobre una etapa de cohete que aterrizó en las llanuras de Colorado.

MEB: níquel 34 %, hierro 21 %, carbono 18 %, cobalto 14 %, oxígeno 6 %, nitrógeno 3 %. 1 cm x 3 cm = % de proporción de cristales de aleación masivos de Groenlandia en las siguientes diapositivas. Supuesto peso ultraligero, con propiedades extremadamente resistentes al calor.

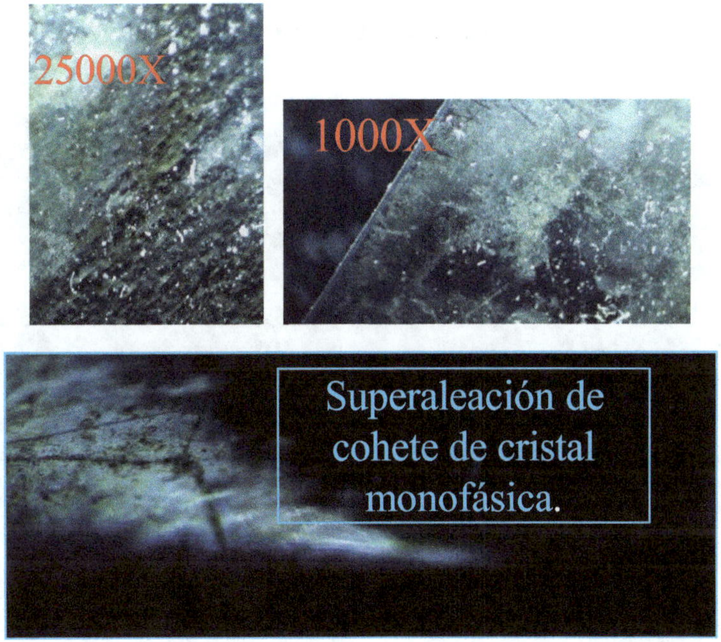
25000X
1000X
Superaleación de
cohete de cristal
monofásica.

Primera etapa del cohete

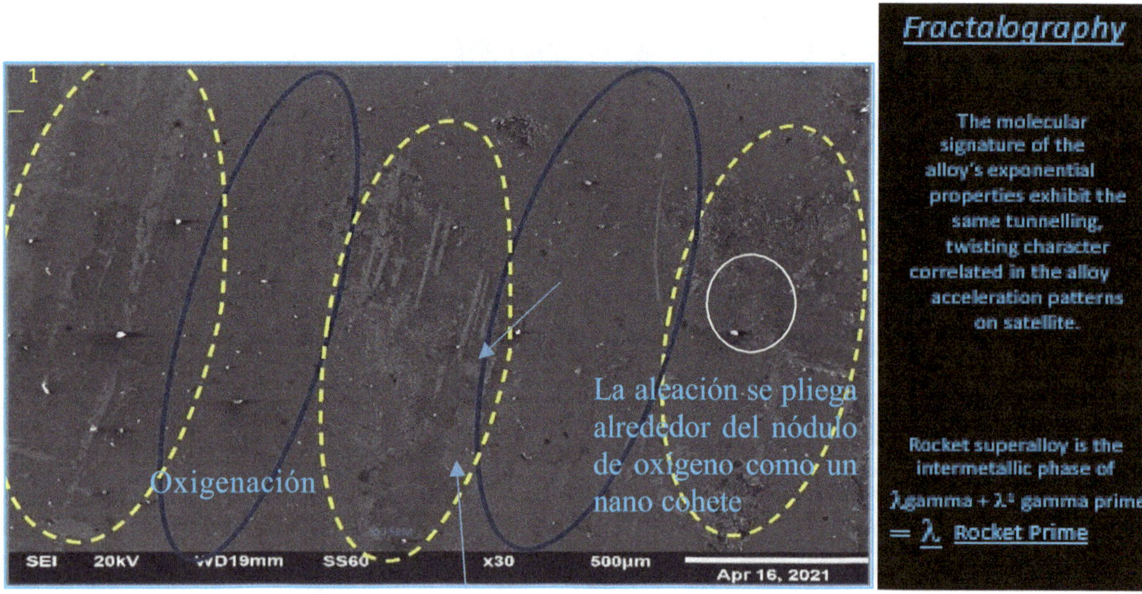

Sur de Groenlandia: los cristales multicolores de superaleación presentan la misma proporción de tamaño 3:1 que la superaleación tesonita.

He visto algo de esta coloración en cierta medida en las llanuras occidentales, pero la perspectiva contrastante para estudiar cristales tan grandes y alineados proporcionará datos sustanciales para desarrollar un nuevo modelo computacional de la Tierra para científicos de todo el mundo. Los límites de los granos de cristal son la firma fundamental de la tecnología avanzada.

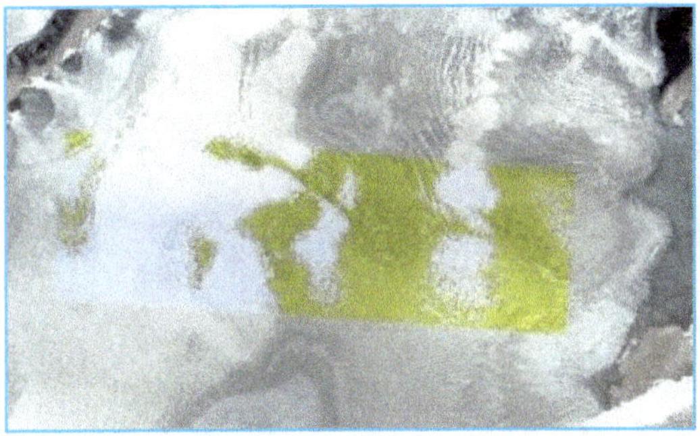

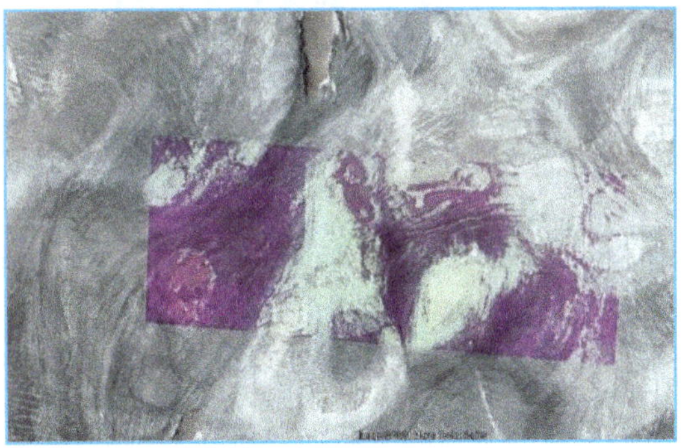

No es la típica cabaña de montaña en Wind Rivers, sino un palacio de cristal Extraterrestre construido para una estancia muy, muy larga...

Las interacciones del sistema y las reacciones de la matriz alienígena se capturan en estas celdas de 15 metros en una playa oceánica.

Los acuarios fueron misterios alucinantes en los inicios de la investigación que demostró la exponencialidad de la especie.

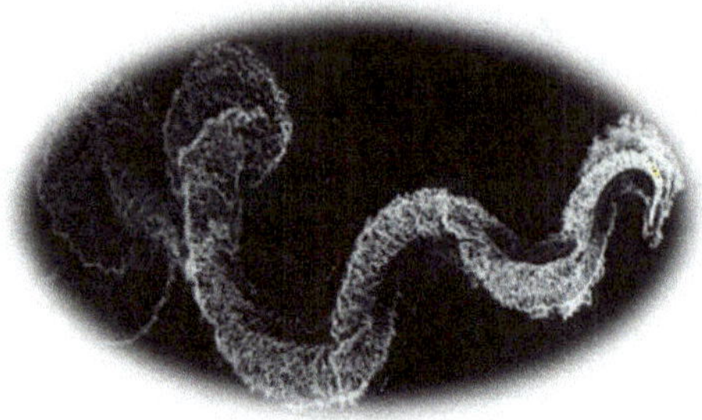

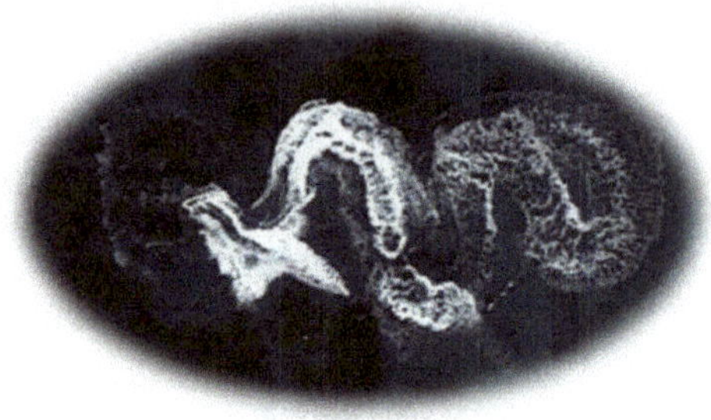

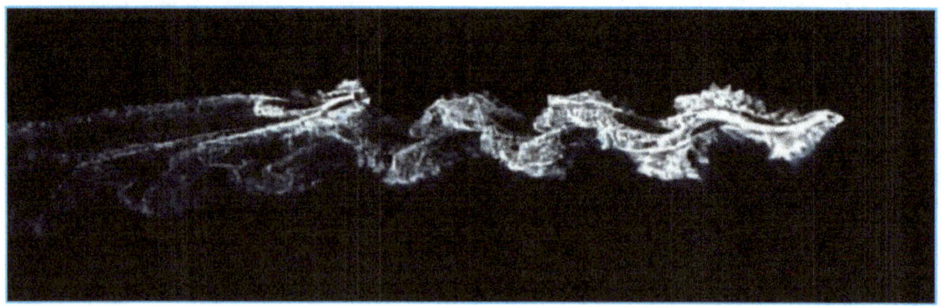

La fotografía por satélite ha revolucionado la investigación de tal manera que las imágenes de la superficie son una biblioteca infinita de piezas del rompecabezas de la Tierra.

Armada Alienígena Mediterránea

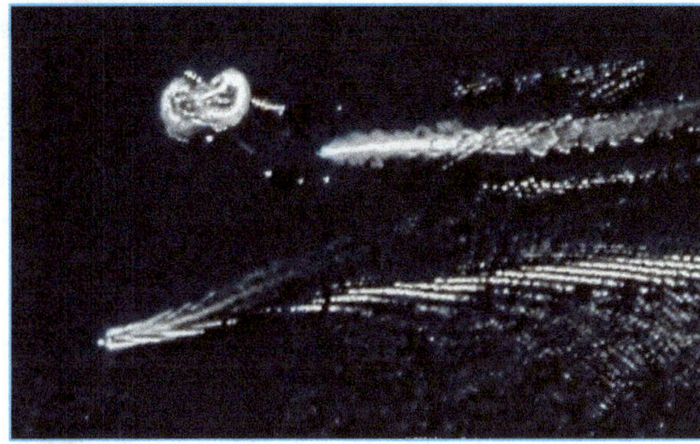

Wyoming: Los brillantes límites de grano se perfeccionan con la gravedad por peso atómico, a través del tiempo y el electromagnetismo.

Medio Oriente

Medio Oriente

Cuenca del Pacífico

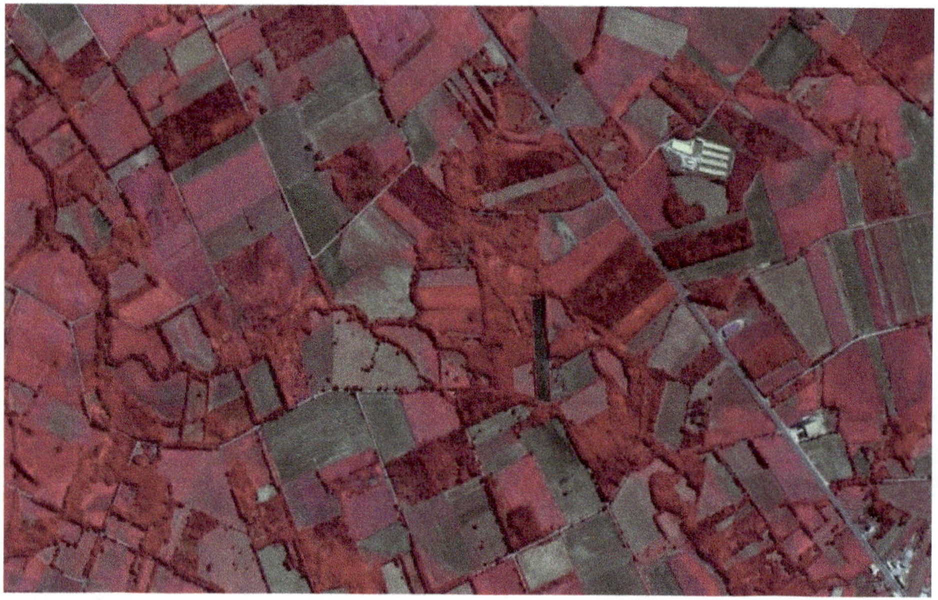

Cuenca del Pacífico

Las especies se extienden por las montañas de Wyoming.

Medio Oriente

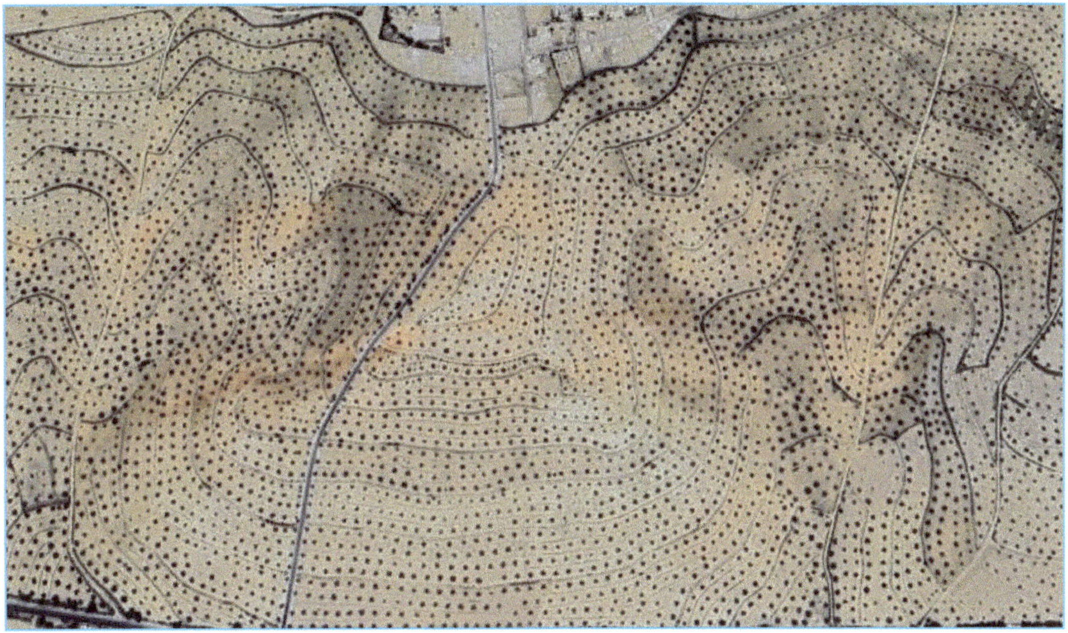

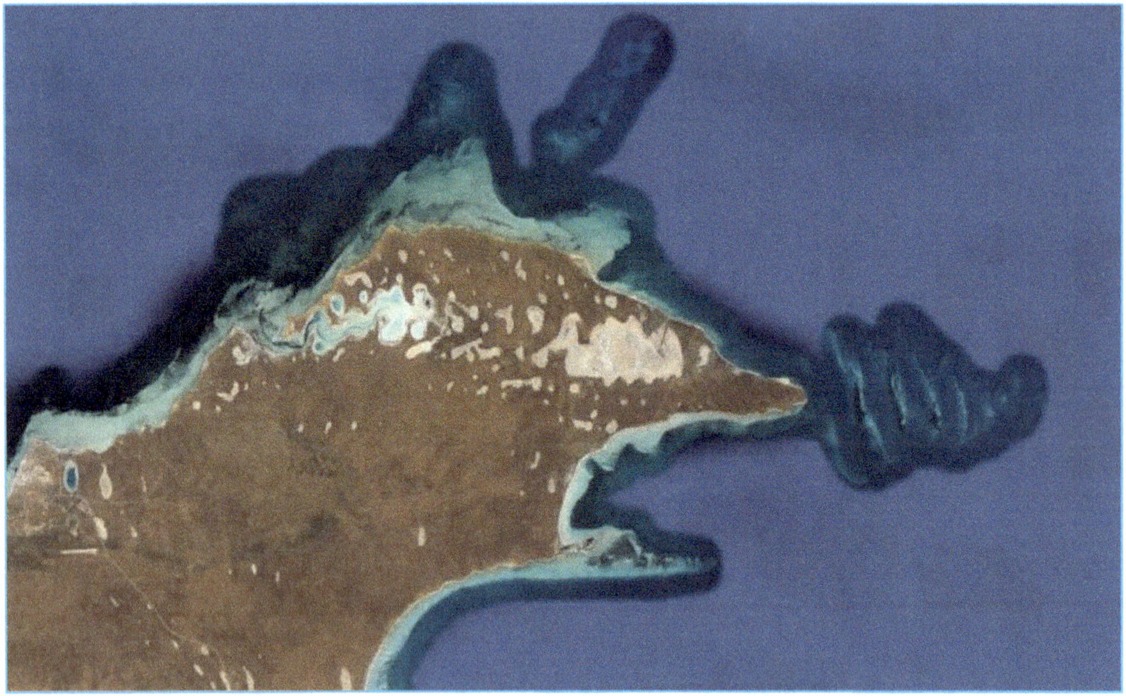

La especie ápice es de la Tierra y está hecha de la Tierra.

La Matriz Geovortex es la mejor del mundo.

Ciencia

El invierno y la primavera de 2020 fueron cuando los árboles de la curiosidad se plantaron en mi mente a través de constantes y fantásticos sueños de viajar a nuevos mundos del espacio exterior. Sabía y anticipaba las posibles libertades de las cualidades de observación física y emocional profundas que me preparaban para explorar realmente un nuevo mundo – la Tierra.

Un buen día de marzo, me desperté con un renovado fervor por el espacio y Einstein. Luego, después del segundo viaje a Los Vientos, fueron Max Plank, Boyles, Newton y Wagoner en tectónica, ya que encontré una renovada pasión por la ciencia, la geología, la exploración y la vida. Me di cuenta de que no podía contribuir con las aplicaciones matemáticas como los más grandes, pero sabía que mi aguda destreza en el campo me prepararía con una nueva conciencia mental ideal para un espíritu fresco más grande que todas las misiones de supervivencia al aire libre en busca de truchas gigantes. El capítulo de ciencia asimila e ilumina las magníficas complejidades de la ciencia, la tecnología, el arte, las matemáticas y la ingeniería integradas en un manifiesto de esta especie global.

Me siento como un cohete volando por el espacio, atravesando cada objeto brillante y distante hacia el siguiente, esperando otro portal de descubrimiento.

La investigación se convirtió en un esfuerzo multidisciplinario cuando se acumuló suficiente información anatómica como para elaborar un glosario de términos, comenzando con una nueva taxonomía científica basada en los fundamentos de la Einthroplogía, el Exterranium, la Exterrangia y Yellowstone. La IA - Inteligencia Alienígena

El capítulo ayudará a explicar algunos de los procesos aparentes, dadas las pistas redundantes de los aterrizajes, la geología de los cohetes y los elementos coloreados con un marco de ciencia de materiales cuánticos. El conjunto constituye un caleidoscopio vivo de aplicaciones maravillosas y fuera de este mundo, una naturaleza subatómica replicada en todas partes, incluso en Marte. Desde partículas milimicrónicas hasta la circunferencia de la Tierra en miles de kilómetros que he encontrado, esta es la especie Carbono, la vida que se origina en una galaxia exterior: aire que respira y una masa viva que produce tierra. Así es como se extienden los continentes y cambia el clima; son las raíces y ramas de la Tierra hacia la antropología, la arqueología, la biología, la zoología y otras disciplinas explicadas geológicamente como un continuo de materia viva.

El planeta de la ciencia espacial

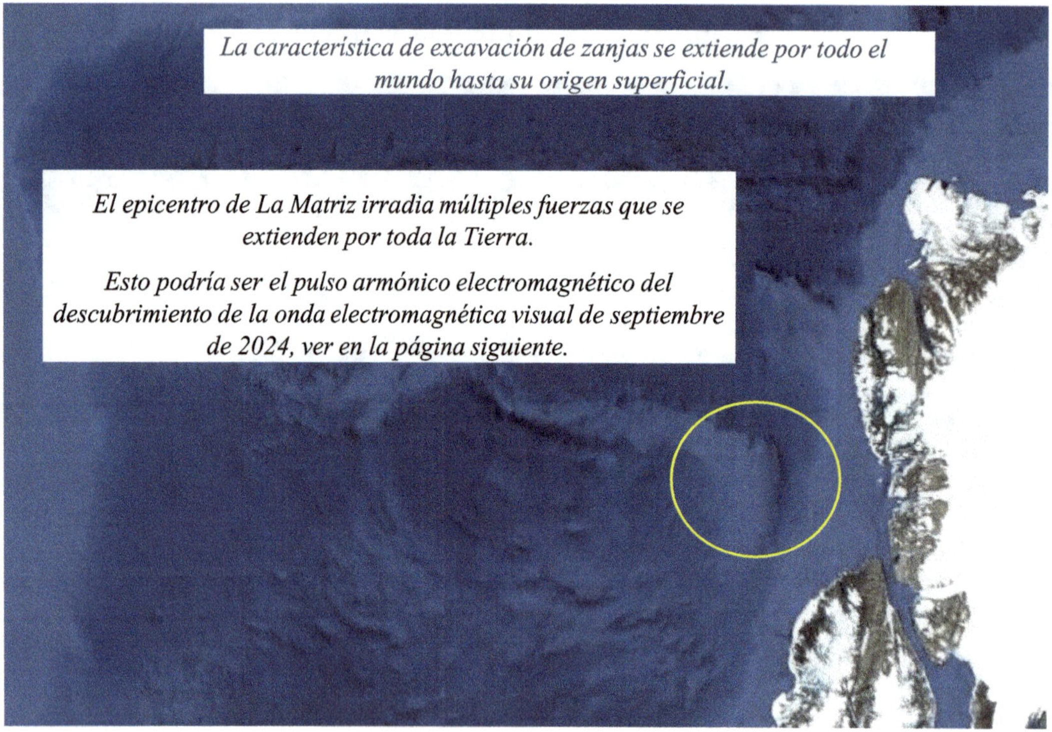
La característica de excavación de zanjas se extiende por todo el mundo hasta su origen superficial.
El epicentro de La Matriz irradia múltiples fuerzas que se extienden por toda la Tierra.
Esto podría ser el pulso armónico electromagnético del descubrimiento de la onda electromagnética visual de septiembre de 2024, ver en la página siguiente.

Secretos de Los Vientos

Clasificar, acondicionar, magnetizar, atomizar son estos Resultados constructivos funcionales y perfeccionados.

Aplicación avanzada y multidisciplinaria de la materia condensada, estructuras físicas observadas en la deformación de satélites, disposición de partículas de superaleación de cohetes energizados.

Los puentes deformados, cargados y alterados por una energía fantástica son piezas científicas clave que ilustran cómo las especies controlan los procesos y los recursos de la Tierra.

Google Earth

El proceso de aplicación científica avanzada podría ser una operación de soldadura por arco con escoria eléctrica a gran escala.

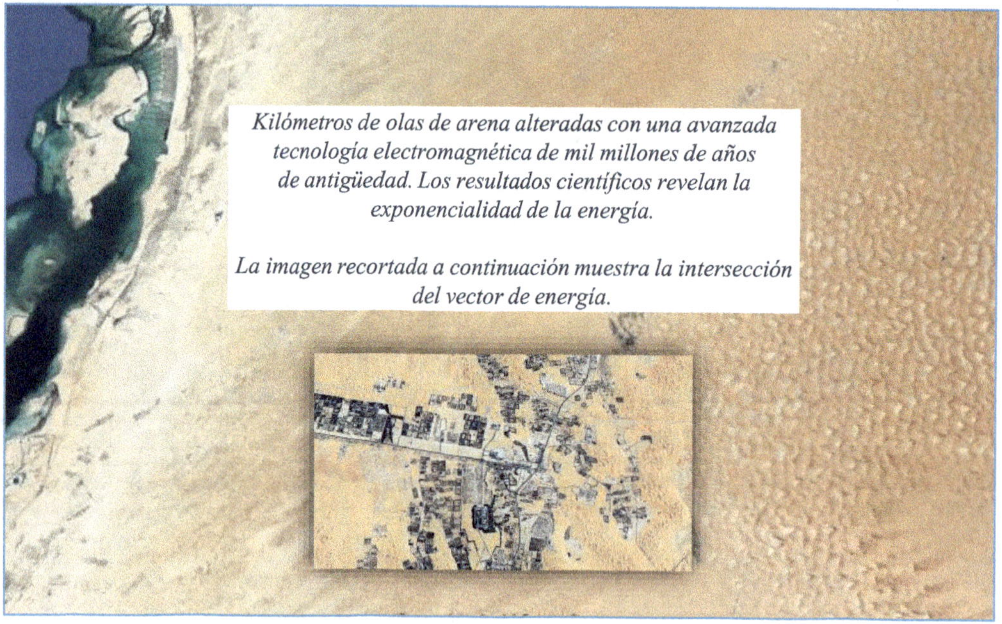
Kilómetros de olas de arena alteradas con una avanzada tecnología electromagnética de mil millones de años de antigüedad. Los resultados científicos revelan la exponencialidad de la energía.

La imagen recortada a continuación muestra la intersección del vector de energía.

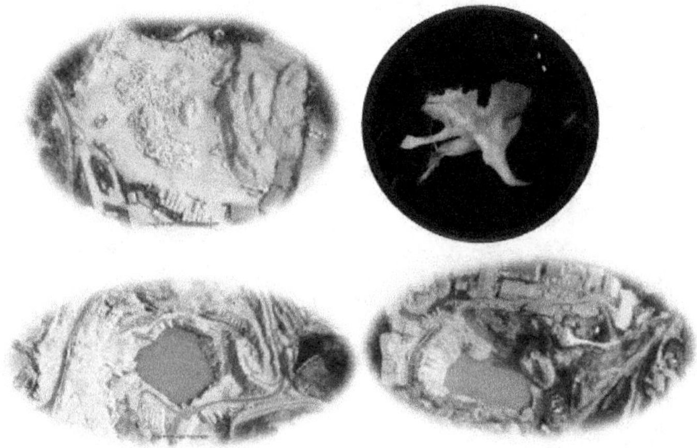

Dolomita molecular en polvo 100 % pura, envejecida durante eones, que se extrae y procesa desde su profundo ciclo anterior para reconstruir la misma parte del cuerpo de forma continua.

La imagen superior muestra el diseño de replicación de la Antártida.

La superaleación se manifiesta a partir de las complejidades del moldeo por refracción, la soldadura por electroescoria, la sinterización por plasma de chispa, la inducción y la descarga de condensadores, la metalurgia de polvos, la balística, la propulsión, el armamento y las corrientes parásitas. Estos son solo algunos de los pocos multiprocesos reconocidos y deducidos hasta la fecha en el ámbito científico. Con el valor del tiempo, la masa y la gravedad, y la astrofísica cuántica, el museo de la Tierra está abierto.

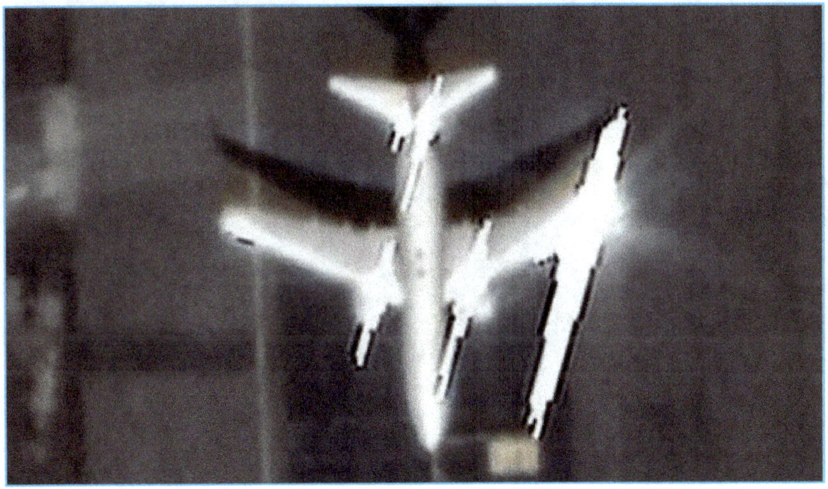

El cohete de chispa de plasma, el primero que documenté, ahora se presenta al mundo para la ciencia.

Fusión cuántica de plasma

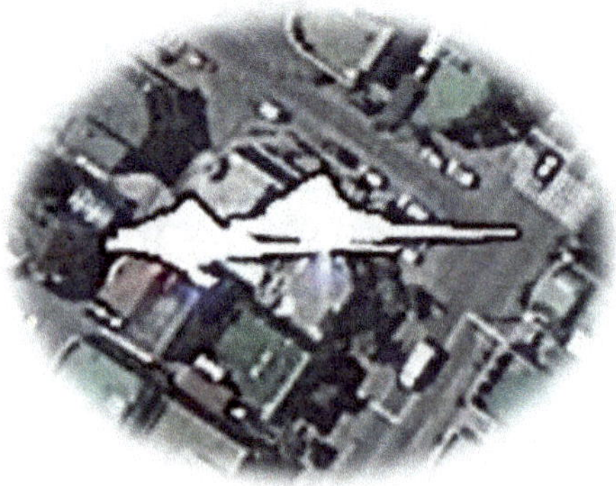

Sur de Turquía - Aterrizaje de cohete, el primero de cinco hallados en el mundo, todos a altitud cero (0), con algunas estelas de condensación de hasta 16 km.

La tecnología se encuentra en transición, ya que la reacción con el aire crea un cohete apilado visible después de alcanzar la temperatura crítica y la presión con una gravedad específica activa el aterrizaje.

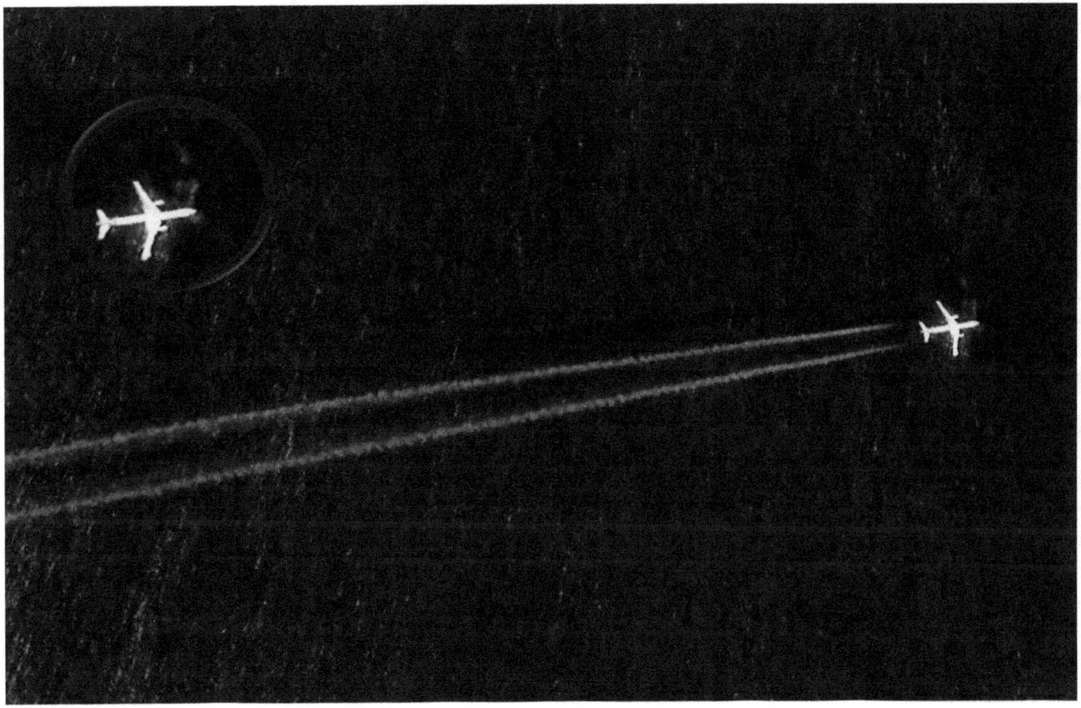

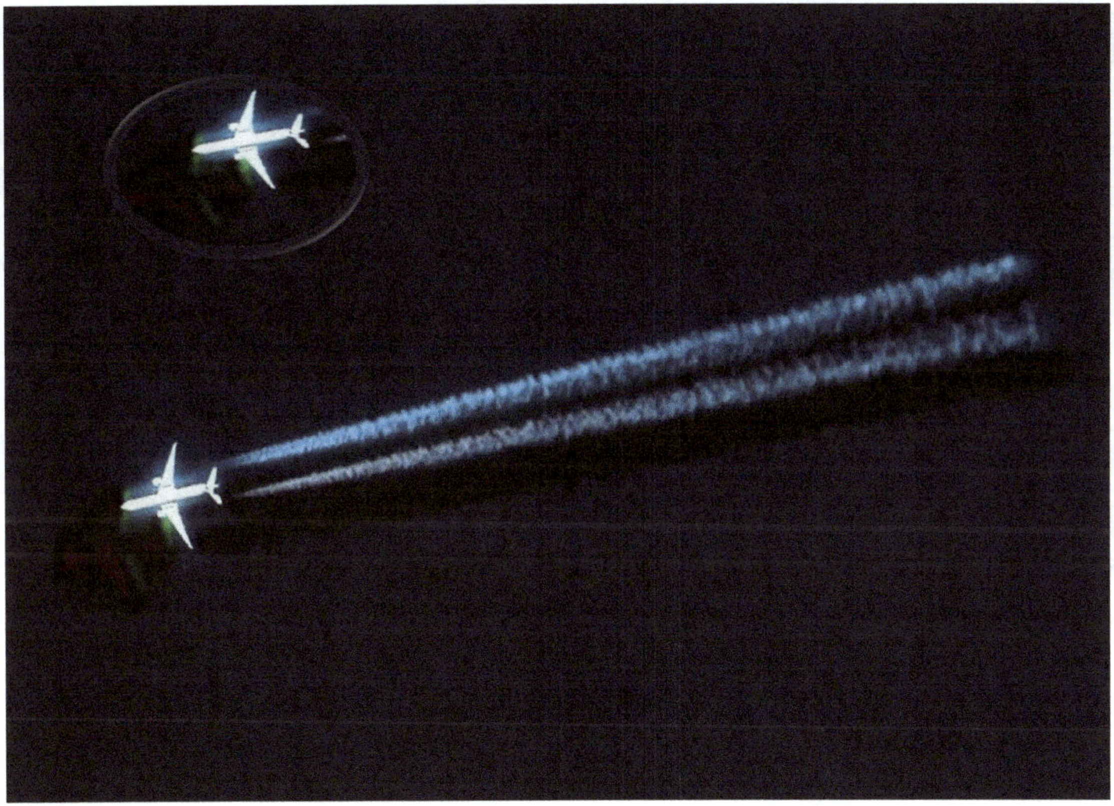

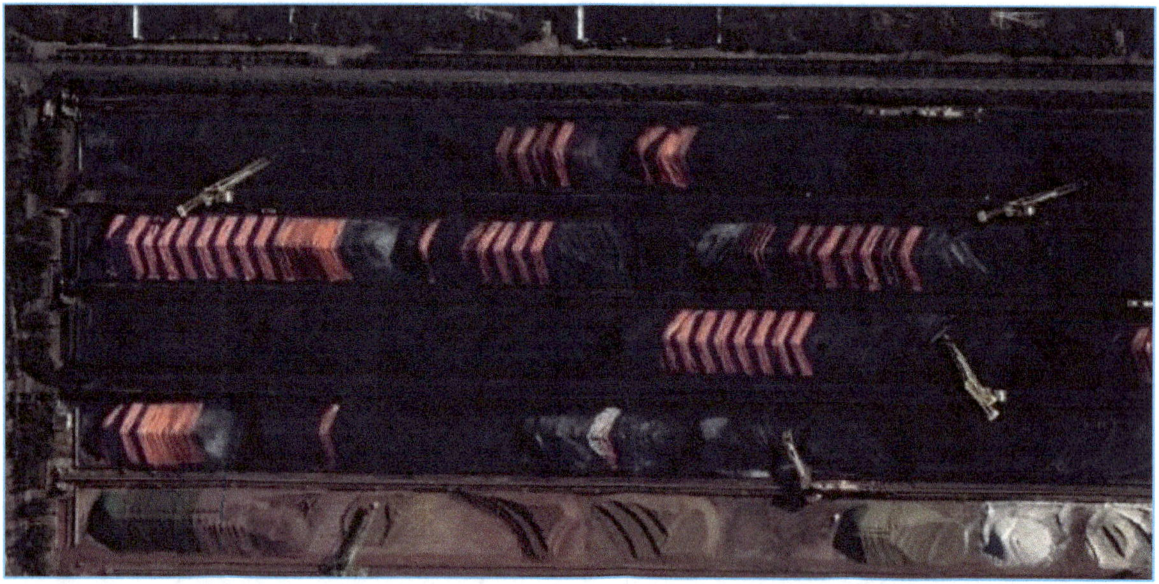

Ciencia de materiales compleja de la sinterización de la metalurgia de polvos, recocido en el procesamiento de la línea de montaje para escalar la producción.

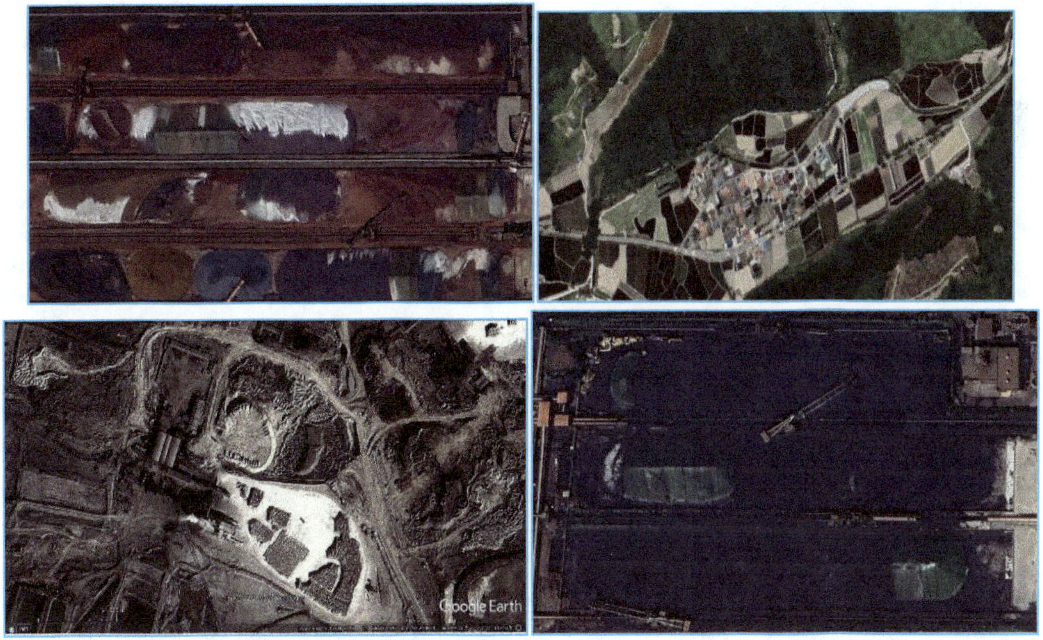

Millones de años procesando el material original de los cohetes están a la vista. Postulo que las Grandes Pirámides fueron construidas por la especie.

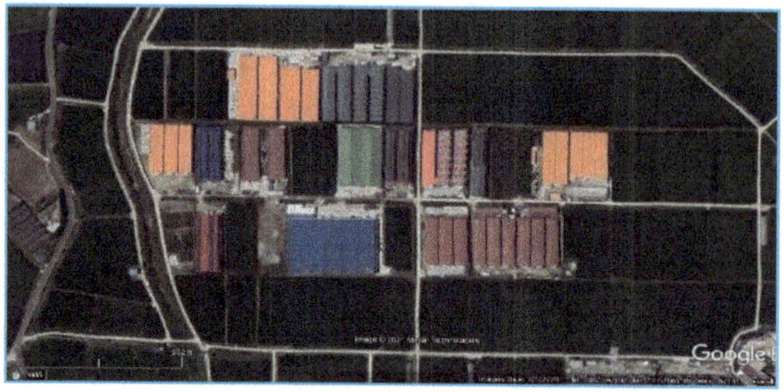

La física de la materia condensada de la soldadura por electroescoria, la sinterización por chispa de plasma y la metalurgia de polvos son tecnologías determinables y repetibles con reacciones y resultados distintos.

Johnny Tesone

Desde las llanuras de Colorado hasta lugares desconocidos alrededor del mundo, las formaciones superficiales son abundantes y evidentes.

19-9-24 – A sur de Los Vientos. El viaje por la autopista a través del centro neurálgico alienígena está reconstituyendo el espacio viajando por la vida desde el evento precámbrico.

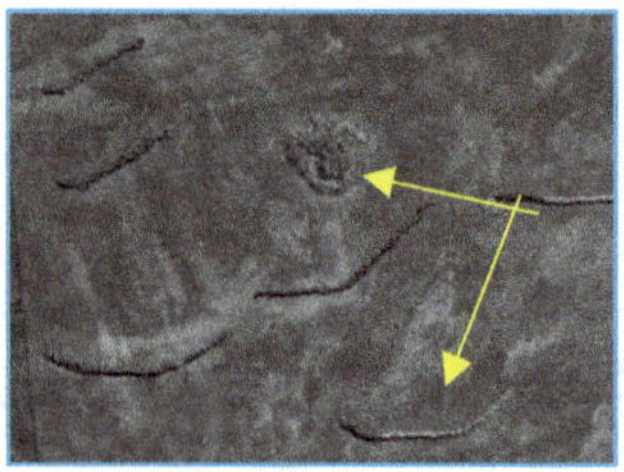

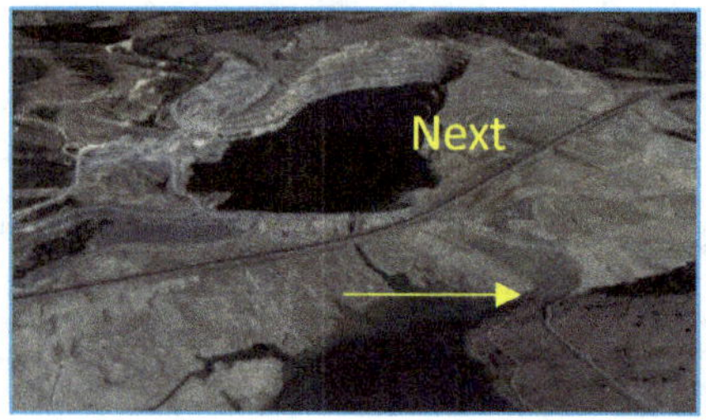

Verlo de primera mano al conducir por el centro del yacimiento alienígena justificó añadir esta historia final al primer libro.

Era un yacimiento impresionante, con rocas perfectamente colocadas a la derecha de la autopista que se dirige al noreste hacia Lander y el trabajo en curso para seguir enamorándome la vista.

Con entusiasmo, giré hacia el lado izquierdo de la carretera para grabar un video de estos acantilados de 180 metros de exterranamina de las dinámicas capas de supermateria reflejándose en el agua y creando la belleza simétrica de esta naturaleza alternativa.

Mineralización cuántica, macla

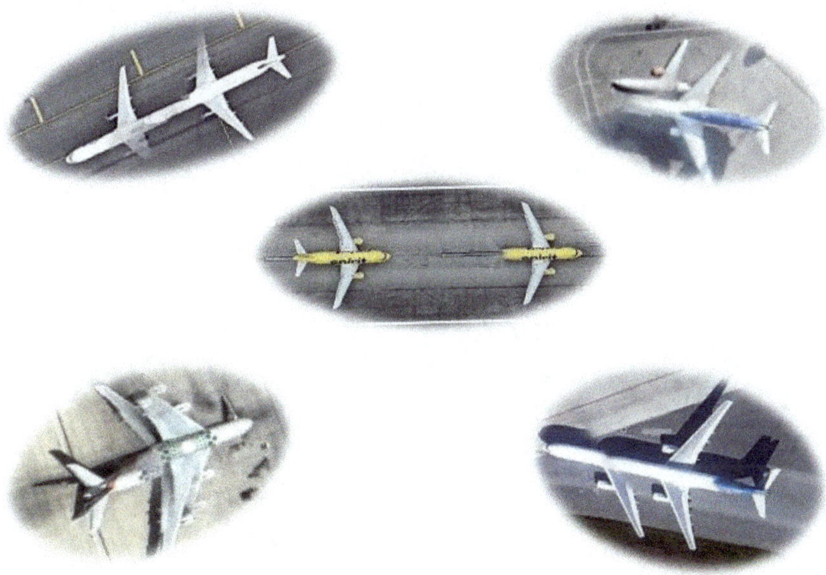

Se observaron explosivos y tecnología armamentística en formas repetibles, ensamblados en abundancia debido a la ciencia de los materiales y las reacciones químicas observadas en los explosivos, como el proceso de lixiviación del nitrato potásico (verde). Se almacenó pólvora de lanzamiento para disparar repetidamente las bombas de especies encapsuladas y para disparar telums de defensa.

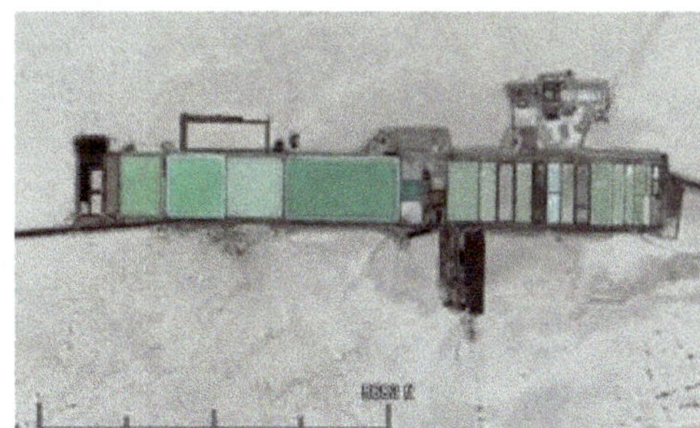

Armas alienígenas: rifles, bazucas, miras telescópicas, cargadores de munición.

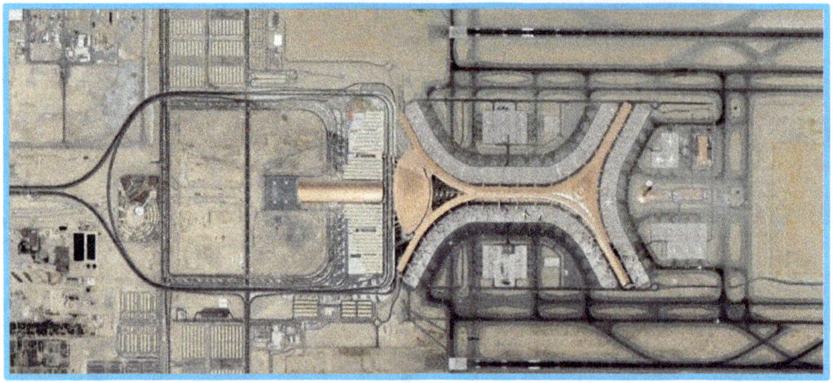

Plano balístico de la cámara de disparo

Sur América, telum de transporte alienígena de 10 km de largo.

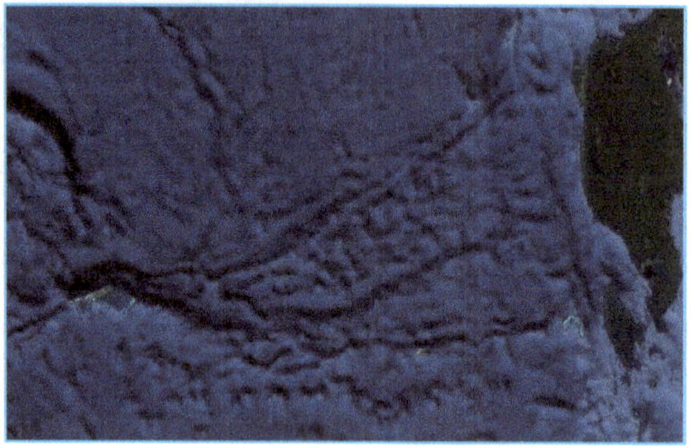

Wyoming es el estado de Estados Unidos que más CO_2 produce. Con niveles de concentración tan altos, el estado, el país y el mundo son un caldo de cultivo de naturaleza cuántica.

Las nubes densas de especies sólidas son difíciles de encontrar, pero validan la huella de carbono de una forma de vida.

Los cambiadores del clima

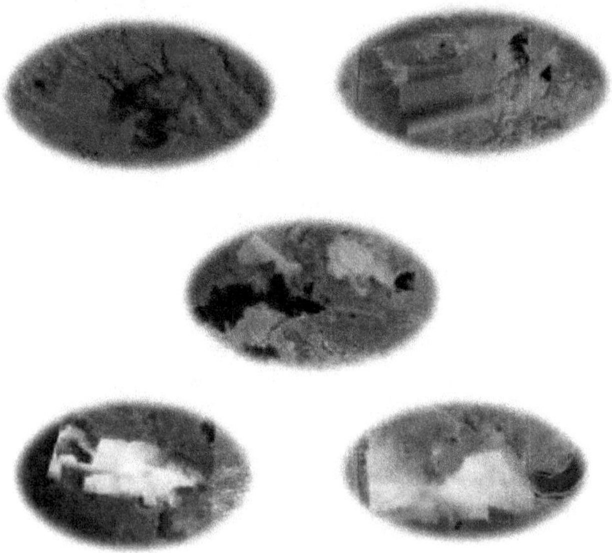

Se observa la formación de cohetes de aleación a partir del dióxido de carbono. Esta es la forma natural de secuestro de carbono.

Cuenca de Wind River; imagen de marzo de 2024.

En cuatro años, la fase de aleación orgánica es más pronunciada y se está expandiendo.

Túnez; 9 km. Replicación de la fase de especies.

Sur de China, replicación de la fase de especies.

Cordillera de Gros Vente, Wyoming.

Descubrimiento transformador del eje de 9 pliegues, la compresión extrema y la expansión inquietante.

Este fue el primer cohete principal que estudié que se desplegó, se retorció sobre sí mismo, creando 1.000 acantilados afilados y profundos como valles.

El alcance de la masa terrestre producida por las especies invasoras supera los modelos tradicionales basados en la Tierra, lo que da lugar a la Tierra Cohete y la Geología Cohete.

La escala conservada de la expansión proporcionó los detalles para recortar y reensamblar cohetes para replegar las cordilleras, las colinas y los valles unidos.

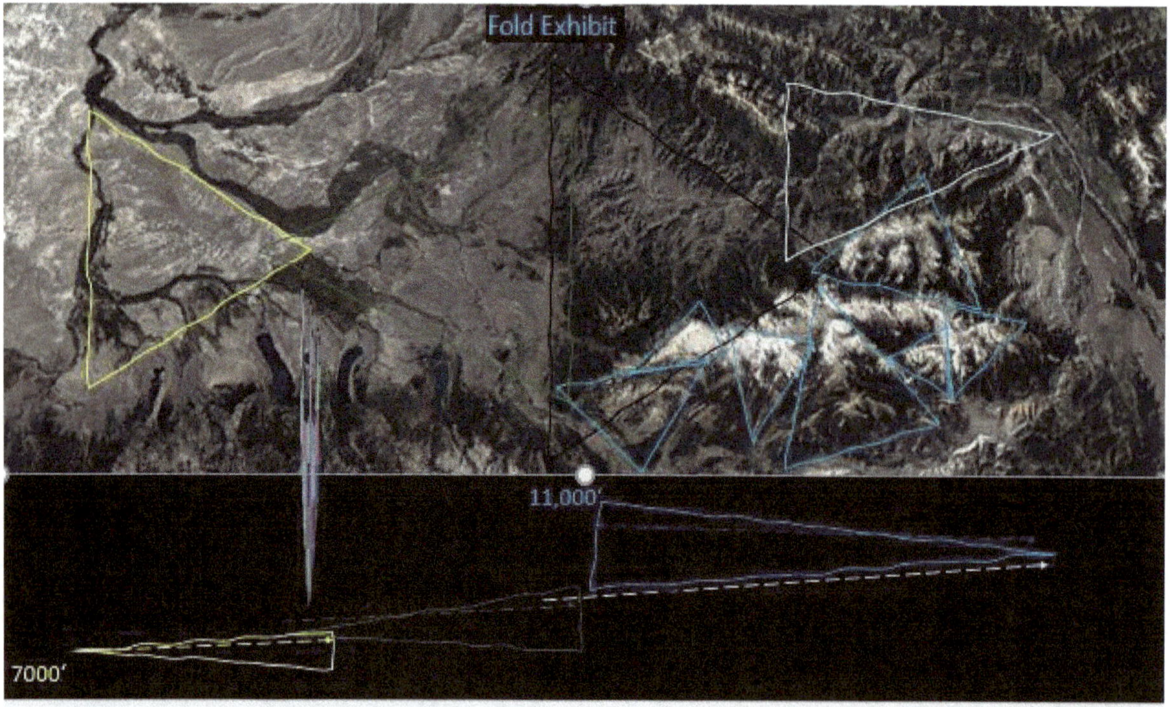
Fold Exhibit
11,000'
7000'

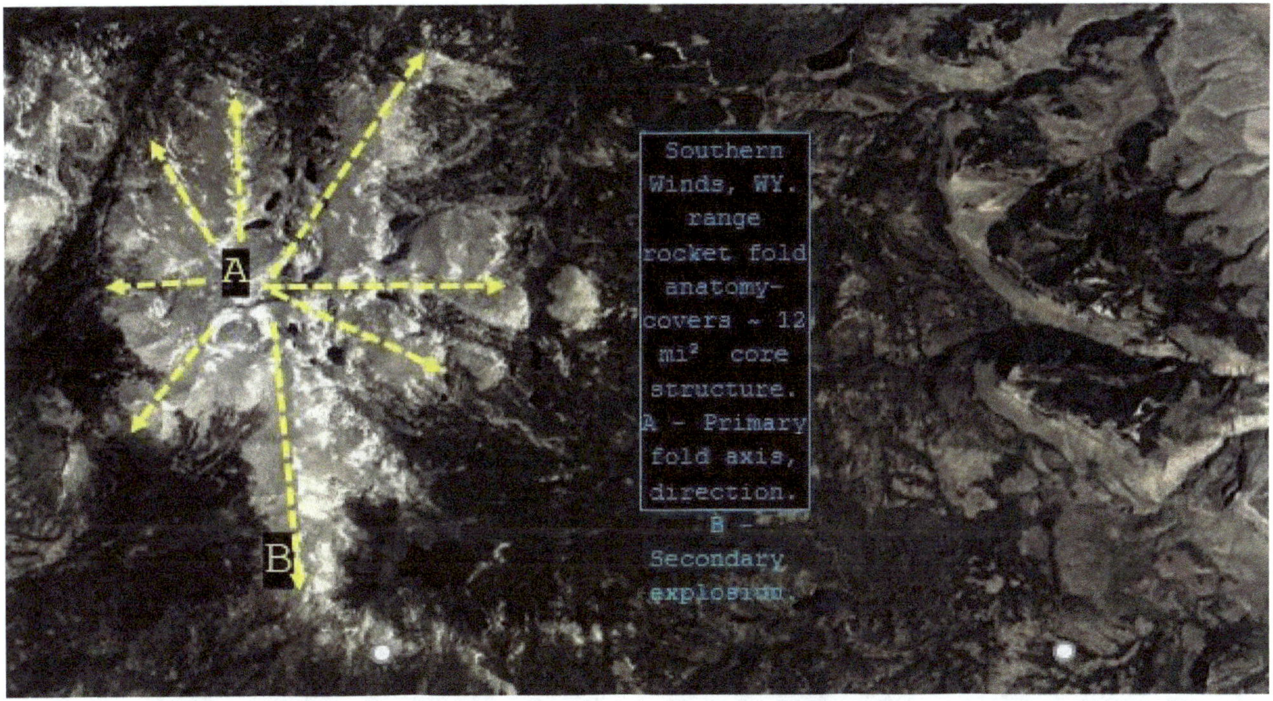
Southern Winds, WY. range rocket fold anatomy- covers ~ 12 mi² core structure. A - Primary fold axis, direction. B - Secondary explosion.
A
B

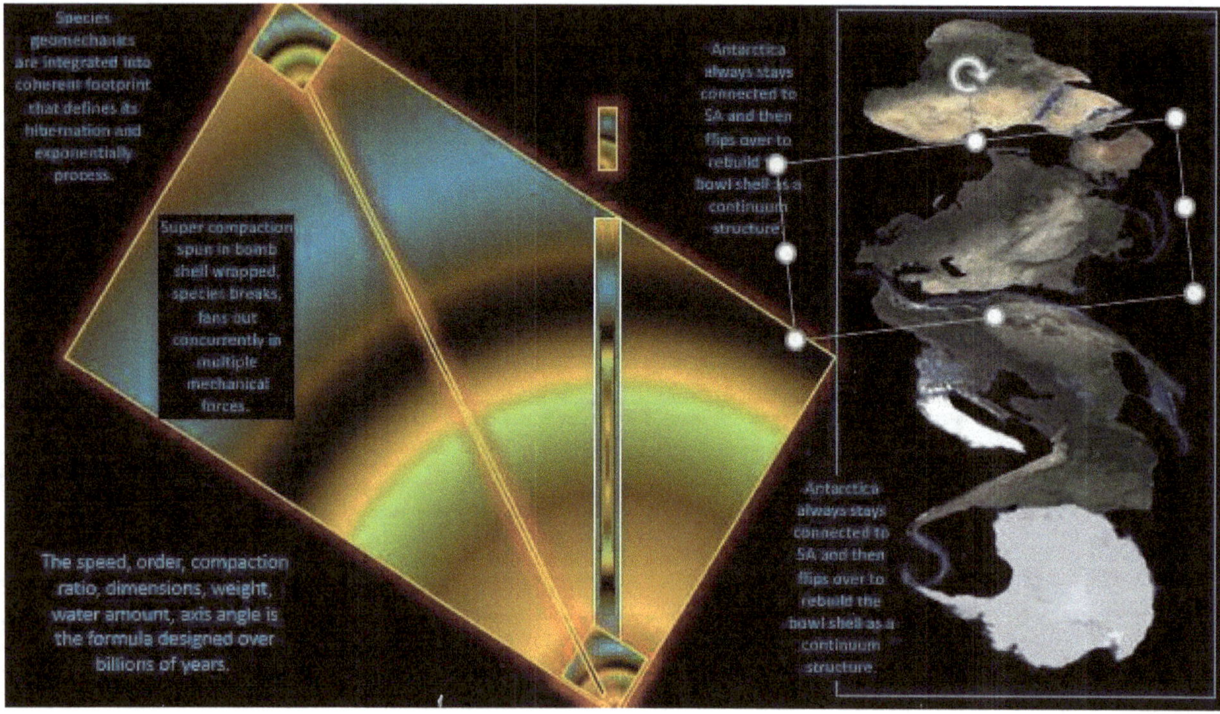
Species
geomechanics
are integrated into
coherent footprint
that defines its
hibernation and
exponentially
process.
Super compaction
spun in bomb
shell wrapped,
species breaks,
fans out
concurrently in
multiple
mechanical
forces.
The speed, order, compaction
ratio, dimensions, weight,
water amount, axis angle is
the formula designed over
billions of years.
Antarctica
always stays
connected to
SA and then
flips over to
rebuild
bowl shell as a
continuum
structure.
Antarctica
always stays
connected to
SA and then
flips over to
rebuild the
bowl shell as a
continuum
structure.

Espectacular ilustración de las fuerzas explosivas y la expansión.

Tras el aterrizaje, la especie reacciona coloreando la superficie, saturada de elementos que se cristalizan para funcionar.

¿Aterrizaron especies en Marte pero partieron de la Tierra? ¿El agua de Marte fue depositada por especies? ¿El núcleo interno de Marte está vivo?

Mars Curiosity SOL 90 #shorts

Crédito Mars Curiosity SOL 90 #short

La relación de expansión volumétrica de la superficie entre los objetos y la cobertura terrestre se estima en más del 1.000 %, lo que se multiplica indefinidamente.
El mundo está compuesto por un 71 % de océanos y un 29 % de tierra, pero todos son el mismo recurso.
Esto parece ser la aplicación de la supercompactación que se encuentra en el registro geológico.

El Plan

El gran plan de la galaxia era, y sigue siendo, explotar la Tierra primigenia mediante una forma de vida del espacio exterior, tal y como lo demuestran los impresionantes registros de un enorme cohete que creó la Tierra y la Luna. Las pruebas también sugieren claramente que la nave virgen transportó e inundó la Tierra con el agua del océano original, una fuente de agua dulce perfectamente mezclada, supercompactada y diseñada para un cohete orgánico que metaboliza el agua, alimentando los viajes espaciales profundos hacia y desde la Tierra.

Las escenas del capítulo revelan los planos alienígenas que se ilustran, correlacionados con cohetes de laboratorio portátiles y otros de miles de millones de años de antigüedad, en todas las regiones del mundo y explicados con detalles redundantes.

Comprender la magnitud de la omnipresencia de la especie explora la ciencia, la tecnología, la ingeniería y las matemáticas avanzadas (STEM) sobre la vida en cohetes, ya que la tecnología para ello es la tecnología.

El Plan es coherente y proporciona la única causa plausible de la Gran Discordancia, donde más de mil millones de años de sedimentos terrestres misteriosamente no se registraron. Ha reaparecido como restos geológicos en los dramáticos cambios de fase de la superficie, reconstituidos en masa como la matriz de la bomba de invasión.

Mayo de 2021, desierto de Arabia Saudita. Libro de texto, estructura elíptica de 550 mts por 122 mts de nuestro sistema solar con planetas del tamaño perfecto, coloreados en sus órbitas. También hay un mapa celeste conjunto del sistema galáctico y el portal que creo que es la leyenda del mapa del sistema originario de la especie. Esto no hizo más que profundizar mi comprensión de que hay vida mucho más allá de la Tierra, mucho más allá de la exploración espacial más profunda del ser humano por ahora.

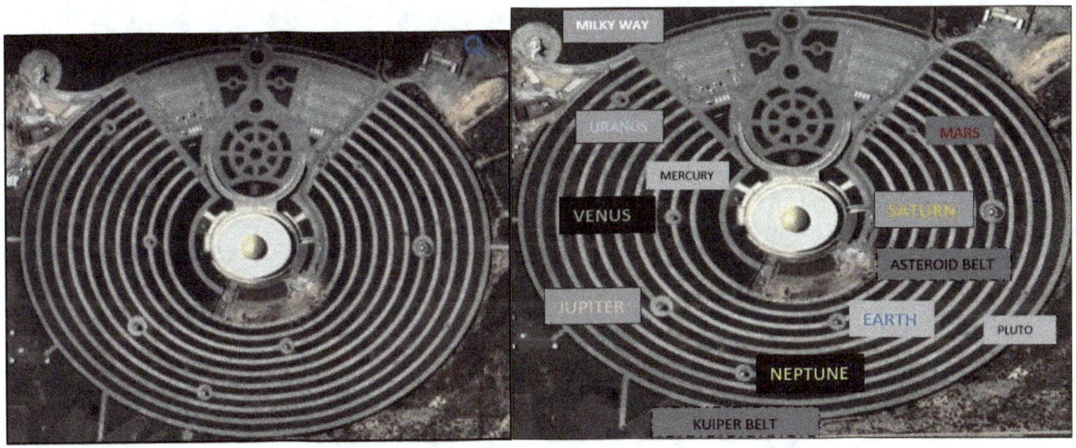

Curiosamente, ese mismo día, "Los planetas" de Gustav Holst pasó a ser de dominio público para su uso en mis videos. La música ha inspirado enormemente mi creatividad y rindo homenaje a la fabulosa obra del artista en Secretos de Los Vientos.

Créditos: 1) Imagen del telescopio espacial James Webb del 7-8-24 de un par de galaxias interconectadas: NGC 2207 e IC 2163.

2) Canis Major. (17 de julio de 2024). En Wikipedia. https://en.wikipedia.org/wiki/Canis_Major

Exterranium: El horizonte de sucesos de la Tierra es el cohete galáctico de 8300 km de largo que impactó directamente en el núcleo metálico fundido y caliente, liberando el océano de agua dulce e iniciando la vida en la Tierra.

Con una cámara de empuje de 2400 km de ancho, la estancia debió de haber sido explorada mucho antes desde un sistema lejano con la Tierra como objetivo. Esta especie cuántica de superaleación transportó una cantidad supercompactada de agua dulce que cubriría todo el planeta. Solo la columna de vapor de la cantidad de agua que inundó el planeta al rojo vivo se habría visto en el sistema solar actual, mientras que el calor extremo del motor probablemente causó una violenta reacción termodinámica. La fuerza de empuje frontal expulsó una nueva luna con restos de metal del núcleo interno. Esto preparó el escenario para la nueva atmósfera de la Tierra, condensando su vapor de agua en nubes para crear un efecto invernadero. Todo el evento, con la luna actuando como lastre gravitacional, provocó una mayor atracción gravitacional y creó un nuevo patrón orbital, dado el dramático aumento de la masa, la densidad y la gravedad específica de la Tierra (metal + agua).

Este es el comienzo de toda la vida en la Tierra, como llegaremos a comprender.

El nacimiento del planeta Tierra

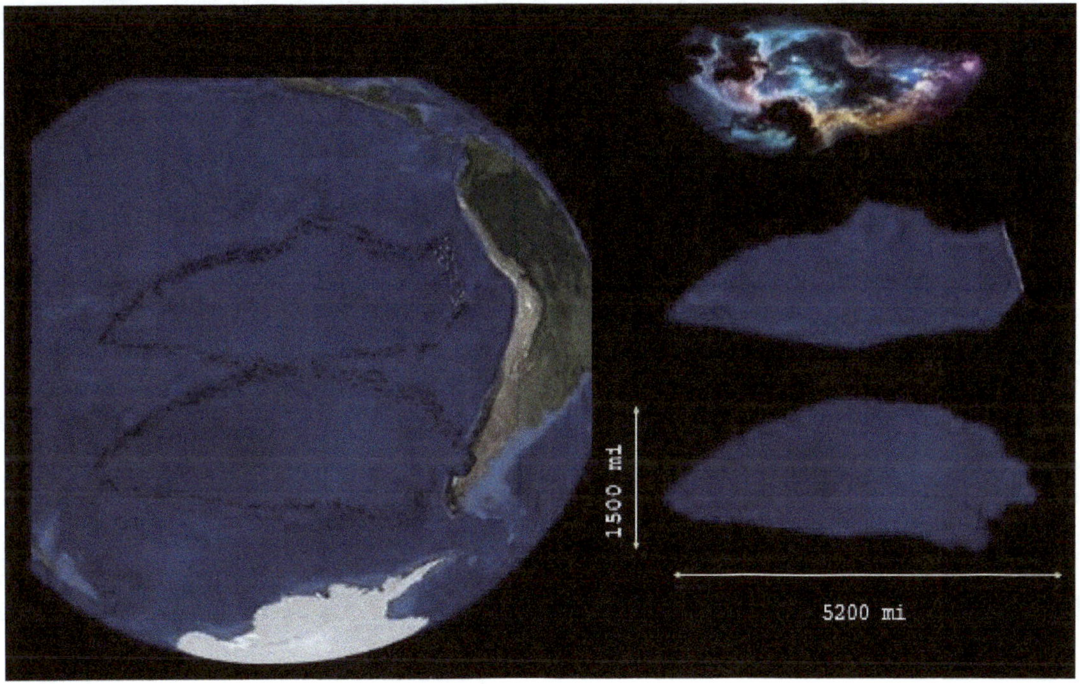

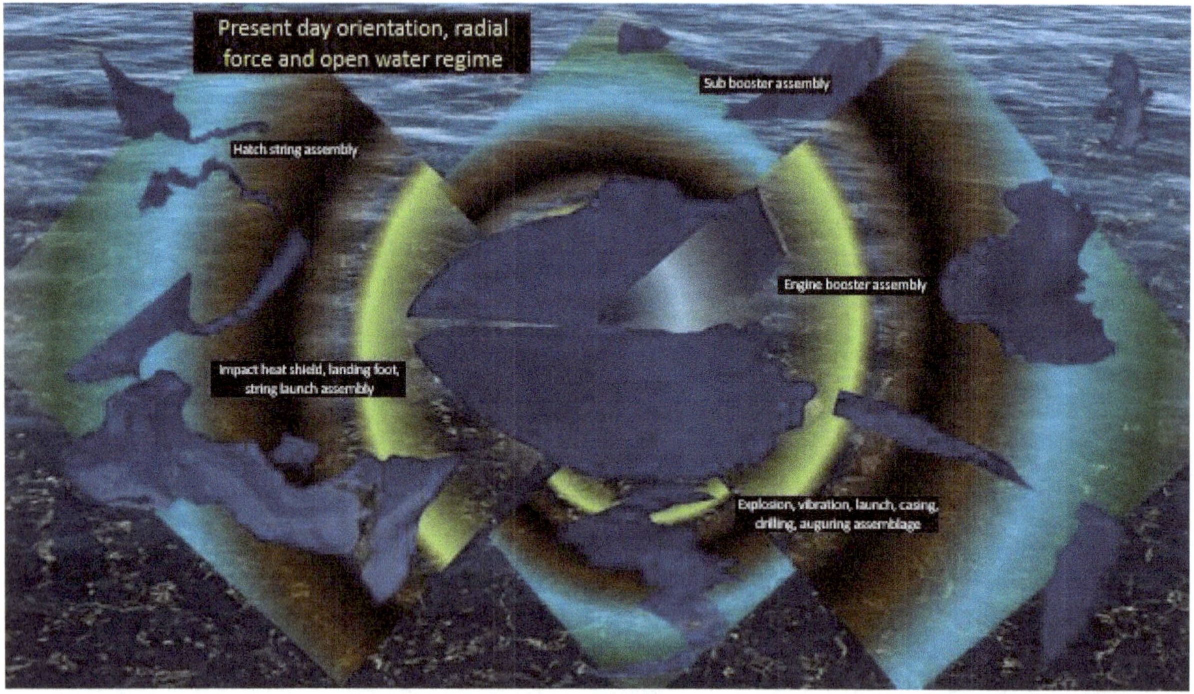
Present day orientation, radial force and open water regime
Sub booster assembly
Hatch string assembly
Engine booster assembly
Impact heat shield, landing foot, string launch assembly
Explosion, vibration, launch, casing, drilling, auguring assemblage

Evento Océano-Tierra.

Evento de impacto: las islas hawaianas se crearon en el epicentro, como lo demuestran las grietas radiales y la dirección de la fuerza.

Violenta inundación provocada por un sistema de cohetes de agua supercompactada.

Las juntas del cohete explotan y se abren, y el vehículo se despliega a lo largo de miles de kilómetros.

1. *El núcleo interno inactivo del fuselaje del cohete son las islas de la Polinesia Francesa.*

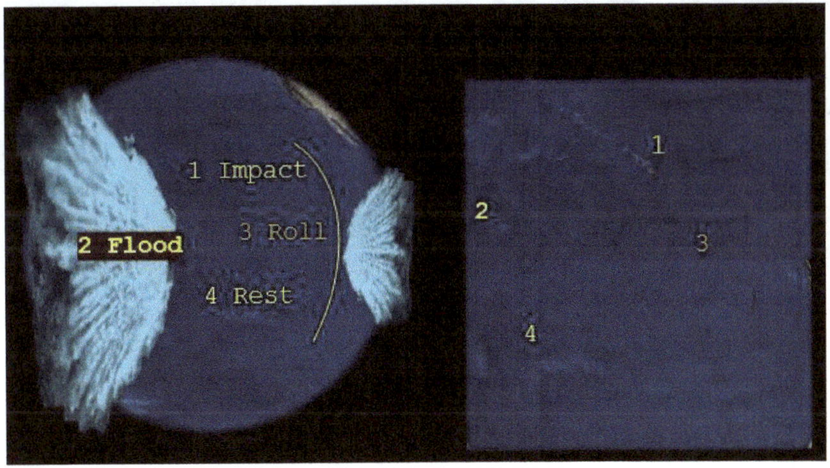

Diagrama conceptual del enfriamiento y reacción del cohete dentro del nuevo océano terrestre.

El plegado metálico representa la cobertura actual de las juntas del cohete de superaleación y el núcleo interno del recipiente. El centro metálico transmite el control definitivo, el poder, la energía y el núcleo de la fuerza dominante supremamente natural.

La rotación de la Tierra y la fase de transición en un concepto de evento previo a la explosión de la vida precámbrica.
Aún hay mucho que desconocemos sobre las profundidades de la vida oceánica, pero ahora contamos con datos de referencia superficiales que reflejarán las oscuras y inexploradas profundidades de la creación y la evolución.

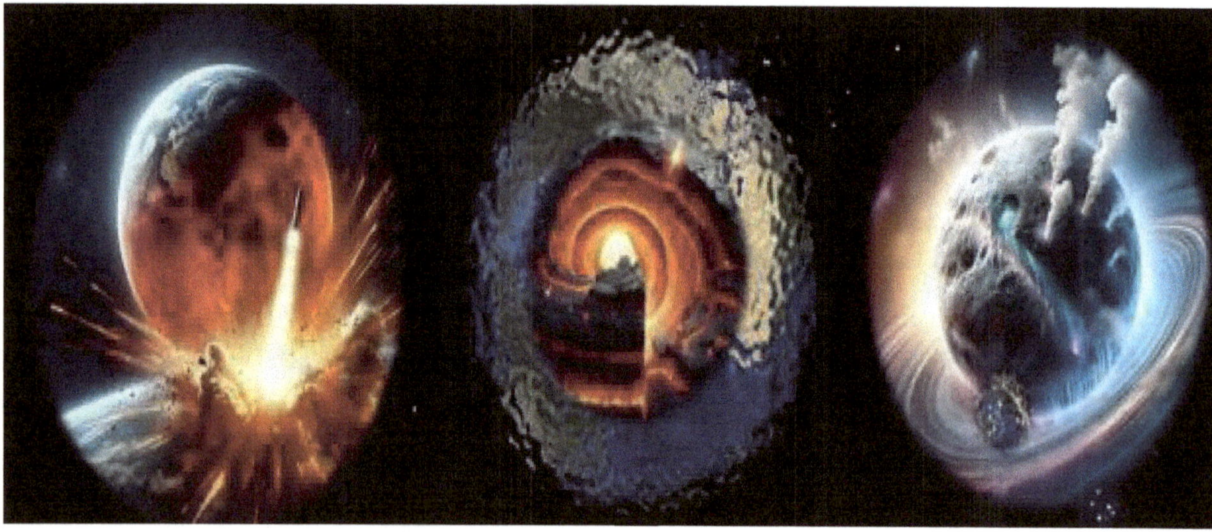

RECOGIDA DE NÚCLEOS > CO2 > DENSIDAD > VOLUMEN > ROTACIÓN > VELOCIDAD, ACELERACIÓN > ENERGÍA CUÁNTICA > INVASIONES > GIRO > CICLOTERMOS > BIOMASA (+/- EVENTOS) > MAGNETISMO > GRAVITACIÓN > PROPULSIÓN

Evento; Exterranium (EXM) H5- hace 2 mil millones de años"

La Tierra fue creada por la nave espacial exterior del pacto, que penetró profundamente y depositó, inundó y envolvió el núcleo caliente. Este fue un episodio complejo, violento y reaccionario en el que la especie se vulcanizó por primera vez para exudar los primeros flujos bacterianos a partir de ~ 4 mil millones de años. Este evento también exhibe la geomecánica de la perforación, la extracción, la recolección y el consumo de minerales de la Tierra para mezclar, fabricando las futuras semillas y bombas de agua oceánica. El evento provoca la subducción y el secuestro del núcleo externo de las formaciones cristalizadas de la corteza. La inducción, la energía de conducción y los ciclos de gravedad comienzan a cargar la superaleación y a moldear el material para el plano eterno. El Gran Nacimiento es la Gran Conformidad.

El fondo del océano expone el límite superior de la característica viva enterrada.

El océano muestra la primera característica de perforación de las especies originales que se extiende a lo largo de 16.000 km consumiendo, perforando la tierra, reuniendo y recolectando masa terrestre para procesar y construir los próximos millones de años de bombas invasoras que transportan a las especies.

Los pliegues apretados representan las características de compresión ultra alta representadas con imágenes.

Descubrimientos supercompactados y estructurados geomecánicamente.

El fondo oceánico en constante expansión es una Tierra perpetua, una máquina de fabricar metal para cohetes que lo consume todo, procesando todos los recursos.

El fondo oceánico, con su vida dinámica, integra especies devoradoras de magma y características metálicas fuertemente plegadas.
Las imágenes estelares se traducen en vida orgánica en la Tierra.

Estos son los escenarios y visiones pasados de la Tierra antes de la estabilización de los océanos y los períodos conceptuales de oxigenación.

RECOGIDA DE NÚCLEOS > CO2 > DENSIDAD > VOLUMEN > ROTACIÓN > VELOCIDAD, ACELERACIÓN > ENERGÍA CUÁNTICA > INVASIONES > GIRO > CICLOTERMOS > BIOMASA (+/- EVENTOS) > MAGNETISMO > GRAVITACIÓN > PROPULSIÓN

Exterrangia (EXG) 4 – hace 2,5 miles de millones de años

Las semillas de la especie podrían haber tenido el aspecto de una perla brillante, creciendo bajo un espeso dosel de agua helada y rica en nutrientes. Este es el período más antiguo del acuario oceánico de la Tierra, en el que los niveles de oxígeno aumentaron mientras las capas comenzaban a estabilizarse y a formar profundos canales de procesamiento de recursos. A medida que aumentaba el peso de la Tierra, la rotación cambió su posición y Yellowstone explotó en el actual ecuador, utilizando la gravedad para una difusión óptima. El período comenzó con la primera Tierra bola de nieve, donde el sistema terrestre se carga electromagnéticamente. La fotosíntesis crea una mayor diversidad para el mundo acuático de la Tierra.

Una vez que hay suficientes recursos terrestres y miles de millones de años de tiempo, la especie cohete se reforma y completa el ciclo de vida de propulsión de vuelta a la Tierra y a cualquier otro lugar donde necesite mantener la especie.

La forma de la especie es el modelo de masa terrestre que se reproduce abundantemente en tamaño y extensión.

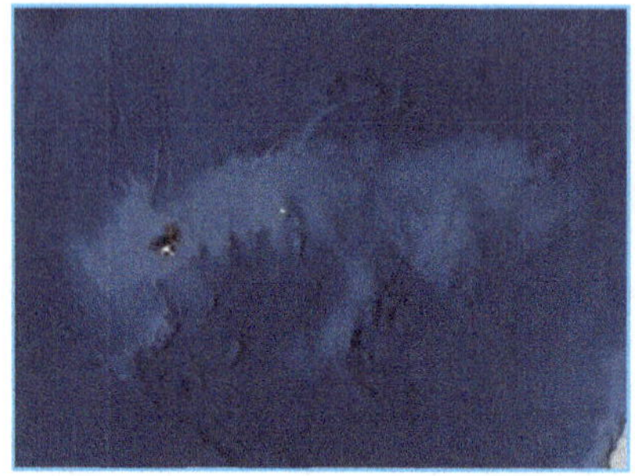

Las explosiones de los huevos terrestres y la liberación de las ninfas alienígenas terrestres que se formaron bajo una presión y compactación extremas en la superficie precámbrica muestran la historia.

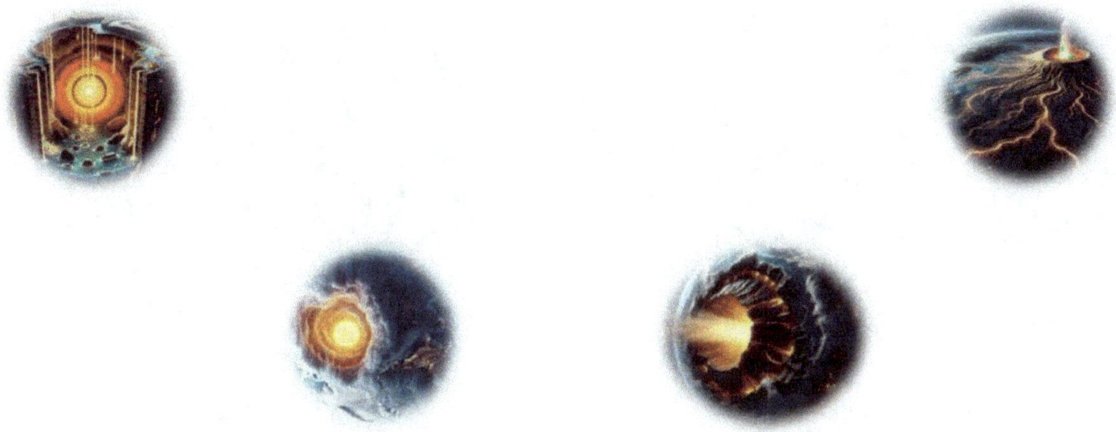

Yellowstone hace 1,5 miles de millones de años

La explosión de Yellowstone fue el evento principal evento planificado de cohetes que irradió desde la materia supercompactada profunda dentro de la Tierra, estimada entre 2.400 y 4.000 km de profundidad. Después del EXG, la Tierra había girado hasta el ecuador, donde hoy se encuentran las Islas Galápagos y se había desplazado 1600 km hacia el norte, la distancia de propagación. La explosión fue tan masiva que la reacción se conserva y se puede rastrear en todos los continentes y océanos del mundo.

Yellowstone incluso creó las principales fuentes de agua dulce superficiales, junto con los géiseres predecibles de los volcanes, que son los ciclos geológicos rutinarios pero complejos y la verdadera naturaleza de las especies de cohetes mecánicos.

Yellowstone Event Cross
The yellow tapered bomb plug (above) exhibits the cork from the Precambrian explosion event. This pic angle (right) shows the blowing out and tearing open of the massively thick yellow-colored hatch seams originating from inside the bomb pipe, reconstituting core earth material and carrying ancient mechanised ocean up into the future to flow.
Arizona
Galapagos

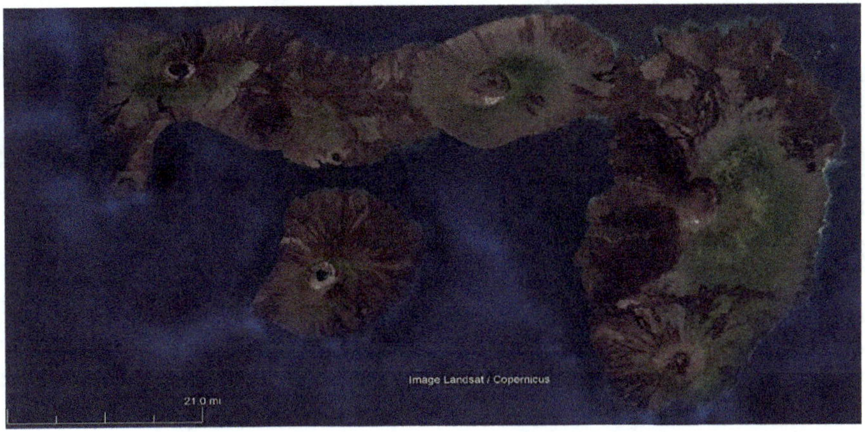

Yellowstone se remonta a las Islas Galápagos basándose en las estructuras submarinas y la deriva de la corteza terrestre hasta la actualidad. Los cráteres sucesivos y apilados de las islas revelan la explosión del conducto volcánico que se observa en la conexión de la masa continental y el posterior proceso de expansión.

El nacimiento de los primeros continentes; Exterrangia: es la nueva definición e interpretación de la masa continental más antigua y el origen de Pangea.

La especie de cohete de 1600 km entre el Reino Unido e Islandia es el modelo intacto más grande y antiguo. Está construido para propulsar y replicar el modelo de bomba de las Galápagos y, por lo tanto, de Yellowstone.

Julio de 2024: volviendo al descubrimiento de Totem Rock de hace cuatro años, se concluyó que la pared del acantilado muestra la secuencia de torsión, plegamiento lateral y coloración vertical del conducto de Yellowstone durante el Precámbrico. La imagen de Google Earth que se muestra a continuación también destaca el extremo evento geológico.

El afloramiento es una muestra excelente de la potencia atómica del evento, que empujó miles de millones de toneladas de roca supercompactada y giratoria a 241 km del epicentro de Yellowstone.

ENERGÍA > RECOLECCIÓN DE NÚCLEOS > DIVERSIFICACIÓN, EVENTOS MASIVOS > MAGNETISMO > GRAVEDAD, MECANIZACIÓN > PROPULSIÓN > CO2 > DENSIDAD > VOLUMEN > ROTACIÓN > VELOCIDAD > ACELERACIÓN > INVASIONES > GIRO > CICLOTERMOS > BIOMASA EVENTOS CLIMÁTICOS

Al sur de la Torre del Diablo, Wyoming, hay un enorme agujero en forma de cohete (izquierda, blanco) y una escotilla de 6150 de diámetro (derecha, verde), también conocida como la Montaña Verde, que se explica más adelante con una sección transversal y un escenario de explosión.

Al sur de la Torre del Diablo, Wyoming, hay un agujero de escape (izquierda) y una tapa de escotilla de 6150 de diámetro (derecha), también conocida como la Montaña Verde. Los círculos indican los habitantes más antiguos de la Tierra. Tras el lanzamiento explosivo, se observan residuos ligeros en forma de matriz superficial de color esparcida a lo largo de 20 km.

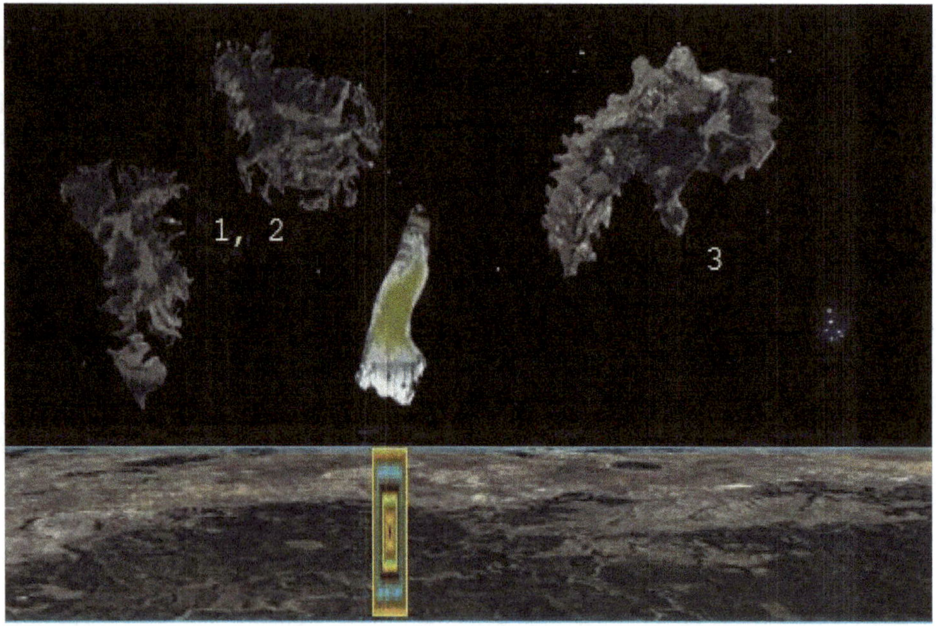

Explosión de la escotilla del cohete precámbrico y liberación de las ninfas alienígenas terrestres 1, 2 y 3, que se formaron bajo una presión extrema y una supercompactación durante miles de millones de años.

El cohete es de Bolivia para mostrar el concepto de carga y el lanzamiento al diseño de expansión.

Probablemente, la vida primitiva se parecía a los trilobites multicolores y metálicos, y por eso creo que la especie de los trilobites era tan diversa (se calcula que había unas 25.000 especies) y duradera, y formaba parte de las especies biológicas más prolíficas, con una existencia de 270 millones de años.

Exterran Infinitas Giganteus (EIG)

Cerca del agujero de la escotilla de la Montaña Verde (sección transversal), en la sección este de Wyoming, este perfil alienígena midió cabezas de 2.5 km de largo que presentan pulmones externos, mandíbulas y arcos superciliares.

Estos gigantes nacieron en una época en la que la matriz alienígena quedó enterrada a gran profundidad hace cientos de millones de años, creciendo bajo altas temperaturas y cámaras presurizadas.

Las características anatómicas de Giganteus son exactas como en el microscopio y los huesos de EIN. Es una nomenclatura familiar distinta con miembros que varían en tamaños extremos, diferentes períodos geológicos con diferentes funciones. Los impactos en la Tierra y los efectos en las culturas humanas apenas se están entendiendo.

La especie ápice ha sido desenterrada a partir de las pruebas en las rocas y el océano ahora se muestra para ver la dramática historia alienígena.

Este de Idaho; este es el corazón más grande encontrado hasta la fecha; mide 16 km de largo y es la ubicación de los símbolos de los nueve (9) capítulos del diario. Este es el único sitio interpretativo y comunicativo que se ha encontrado, por lo que decidí utilizarlo para esbozar el trabajo de forma coherente.

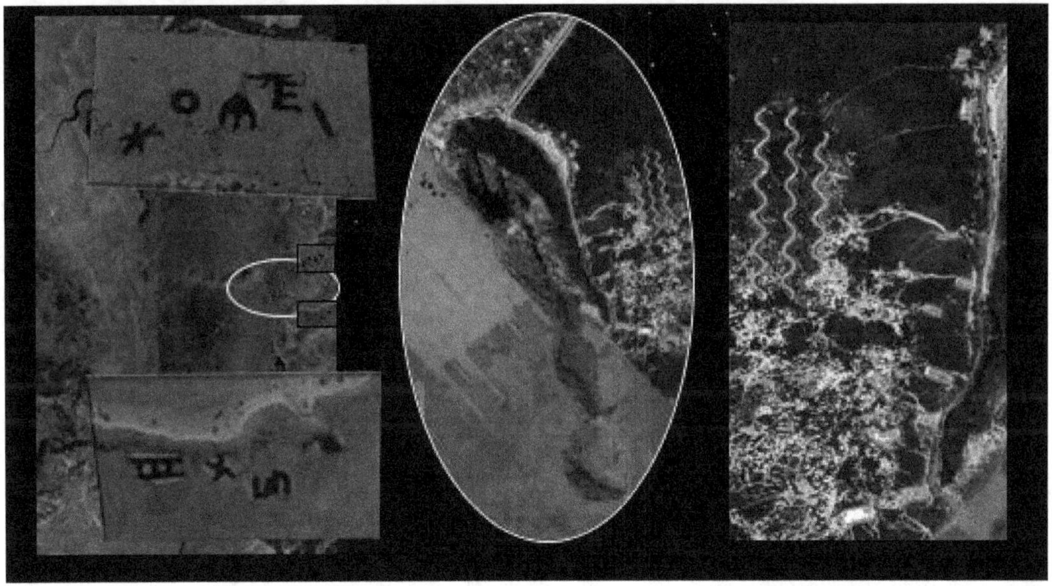

Los canales de la bomba cardíaca procesan el oxígeno en blanco.

Dependiendo del tiempo geológico del aterrizaje y de los recursos hídricos ambientales disponibles, los ojos resaltan las cabezas, caras, hocicos y pulmones externos de sus patrones rastreables en todo el mundo.

Extraterrestrial beings have always been here and imbued in the earth. The research concludes the discoveries of the family species include creatures like Big Foot, Swamp Creature and other infamously mysterious monsters of modern tales. This is the missing Earthling. Los seres extraterrestres siempre han estado aquí y han impregnado la Tierra. La investigación concluye que los descubrimientos de la especie familiar incluyen criaturas como el Pie Grande, la Criatura del Pantano y otros monstruos misteriosos y famosos de los cuentos modernos. Este es el terrícola desaparecido.

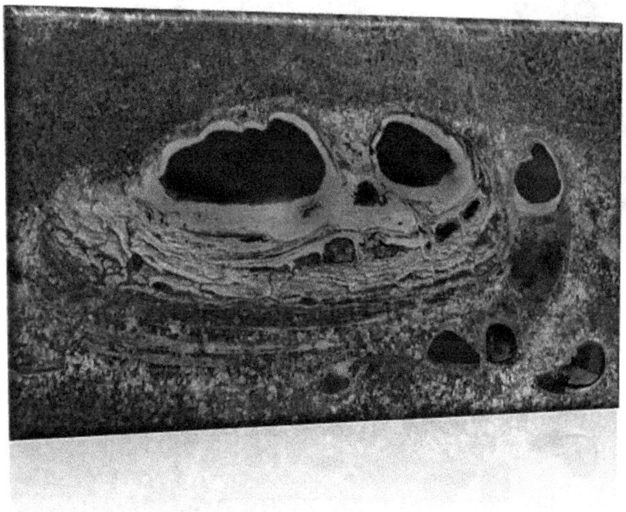

La cabeza del monstruo EIG de Mozambique mide 10 km de ancho, con ojos llenos de lagos, colmillos, lengua hueca y puntiaguda y pulmones externos segmentados que alguna vez estuvieron conectados al hueso de la nariz.

Este fue personalmente el alienígena más aterrador que he encontrado hasta la fecha.

Imagen del telescopio espacial James Webb del 7-8-24 de un par de galaxias en colisión; NGC 2207 e IC 2163 se comparan y correlacionan con imágenes de muestras superficiales.

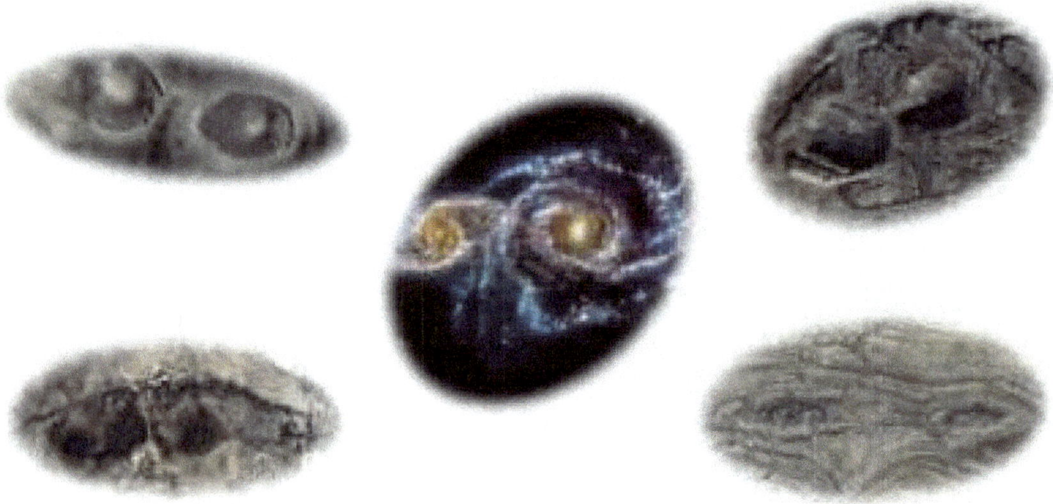

Los extraterrestres son la tecnología; la tecnología son los extraterrestres.

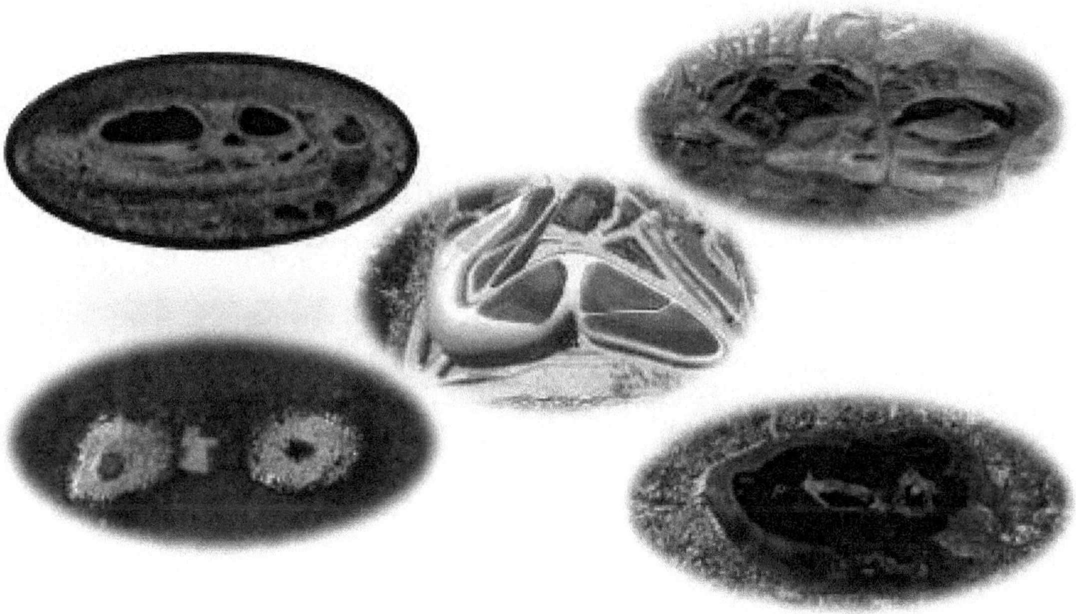

Una presa jurásica perseguida por una criatura alienígena del pantano.

La reconstitución y reconstrucción de una anatomía extraña detalla la excavación o segmentación de las concentraciones elementales y minerales. Las propiedades y los colores asociados se atribuyen a la dureza, combustibilidad y reactivación electroquímica para funciones específicas.

La extinción masiva del Cretácico-Terciario fue un período en el que las especies eran voraces carnívoras.

Me aventuré hasta la remota esquina suroeste, donde se crea una salida para alimentar el cohete de aleación en tiempo real. El viaje validó toda la investigación y demostró que los Grandes Lagos Salados y los Lagos de Utah son lagos remanentes transportados desde la explosión de Yellowstone.

Este es el río del Gran Lago Salado.

El Gran Lago Salado de Utah, abril de 2023.

El lago está tan bajo y moribundo que la concentración de minerales ha contaminado el aire y se ha convertido en una nube tóxica para los lugareños. Sin embargo, el retroceso de la costa dejó al descubierto las complejas y antiguas estructuras de manipulación del agua y los aparatos de procesamiento de materiales científicos conectados.

Me di cuenta de que las gaviotas solo se concentraban en una zona donde hay kilómetros de costa que han sido manipulados, perfeccionados con bermas, zanjas profundas, nivelados para aprovechar y atrapar el agua del lago para que salga del lago.
Me sorprendió ver una salida de ~ 50 pies cúbicos por segundo de H20 que alimentaba el proceso de la planta de cohetes cercana.

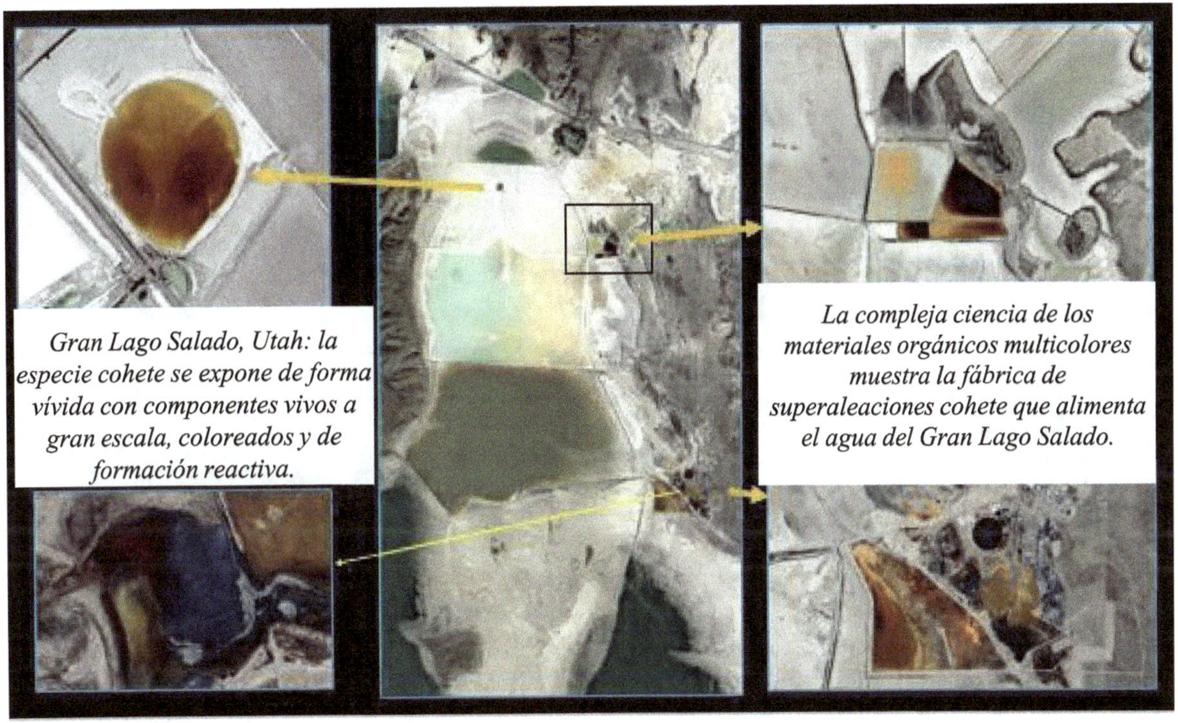
Gran Lago Salado, Utah: la especie cohete se expone de forma vívida con componentes vivos a gran escala, coloreados y de formación reactiva.
La compleja ciencia de los materiales orgánicos multicolores muestra la fábrica de superaleaciones cohete que alimenta el agua del Gran Lago Salado.

El cohete subpropulsor del Gran Lago Salado, con su matriz de aleación, sigue siendo una de mis primeras y favoritas fotos de cohetes, y resultó ser una pieza fundamental de la historia al correlacionar el tiempo real al ver la planta de cohetes alienígenas represando el agua del lago para procesar metal. El bloque de aterrizaje de la parte superior izquierda está tomando forma.

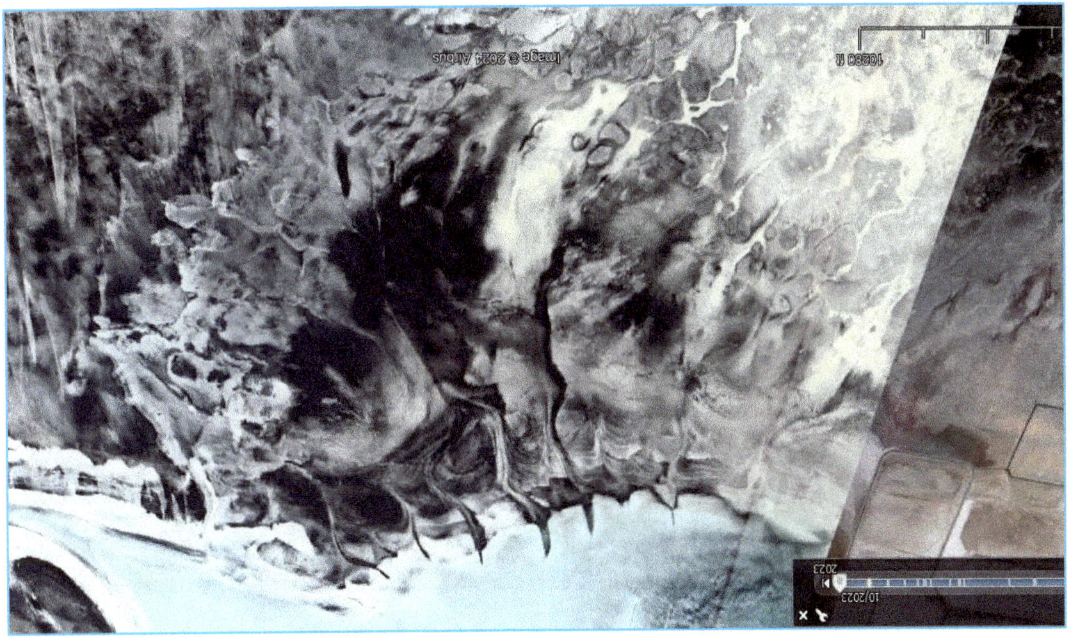

Cuenca del Gran Lago Salado, Utah: una especie adulta del Precámbrico, segmentada y de 16 km de longitud, debió devorar millones de trilobites y bivalvos.

El Cañón Bryce y el Parque Nacional Escalante, en Utah, exhiben de forma espectacular los lechos multicolores.

Créditos: propietario

Las Montañas Rocosas, especialmente Utah, exponen la hermosa naturaleza metálica macrodeposicional a gran escala del evento de Yellowstone. El resultado es también la razón por la que Utah es geológicamente una panacea de brillantes y profundos cañones y está llena de coloridos yacimientos de fósiles de trilobites.

Correlaciones globales del cohete subpropulsor

Desierto boliviano: 6 km.

Costa de Baja California, EE.UU.: 1.050 km.

Gran Lago Salado, Utah: 21 km.

La Isla Cohete es una de las favoritas, que muestra las turbinas de escape desplegadas y reflejadas. Las nubes que fluyen por los acantilados son estelas de vapor que salen de especies en las profundidades de la isla y se condensan intensamente en la parte delantera.

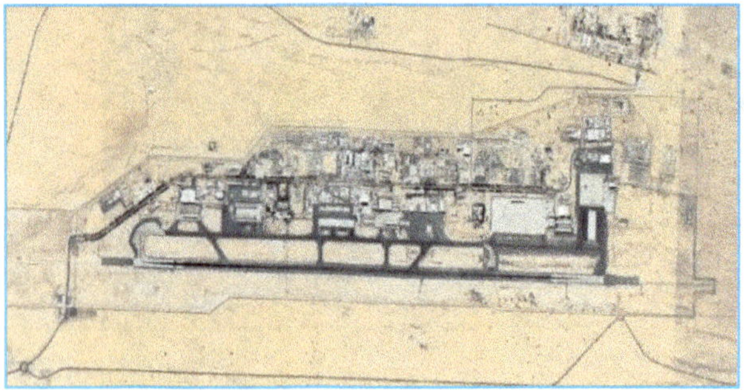

Los planos del Desert Rocket se estudiarán en futuras revistas.

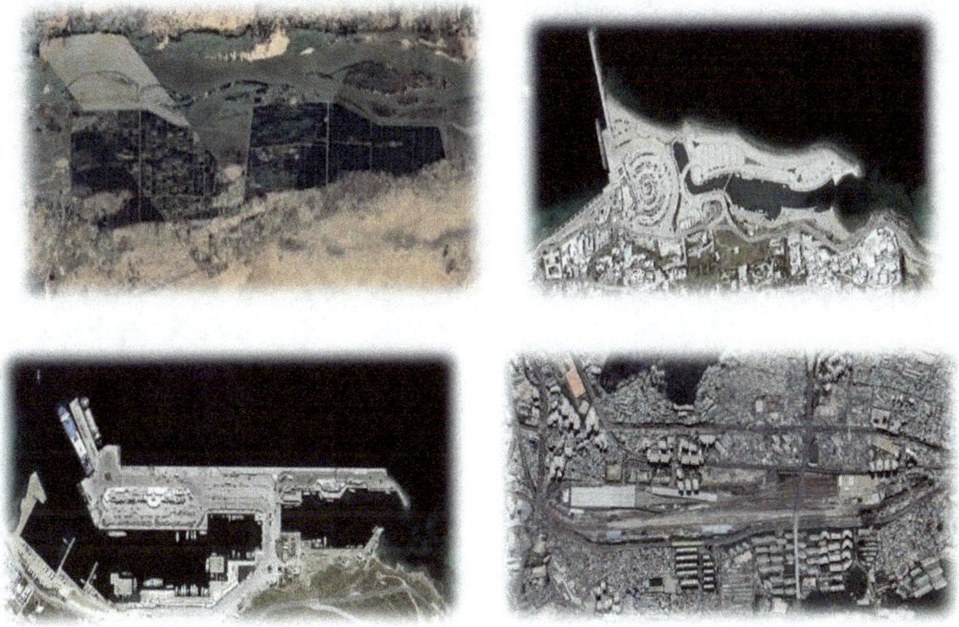

Los planos están por todas partes y en cualquier tamaño.

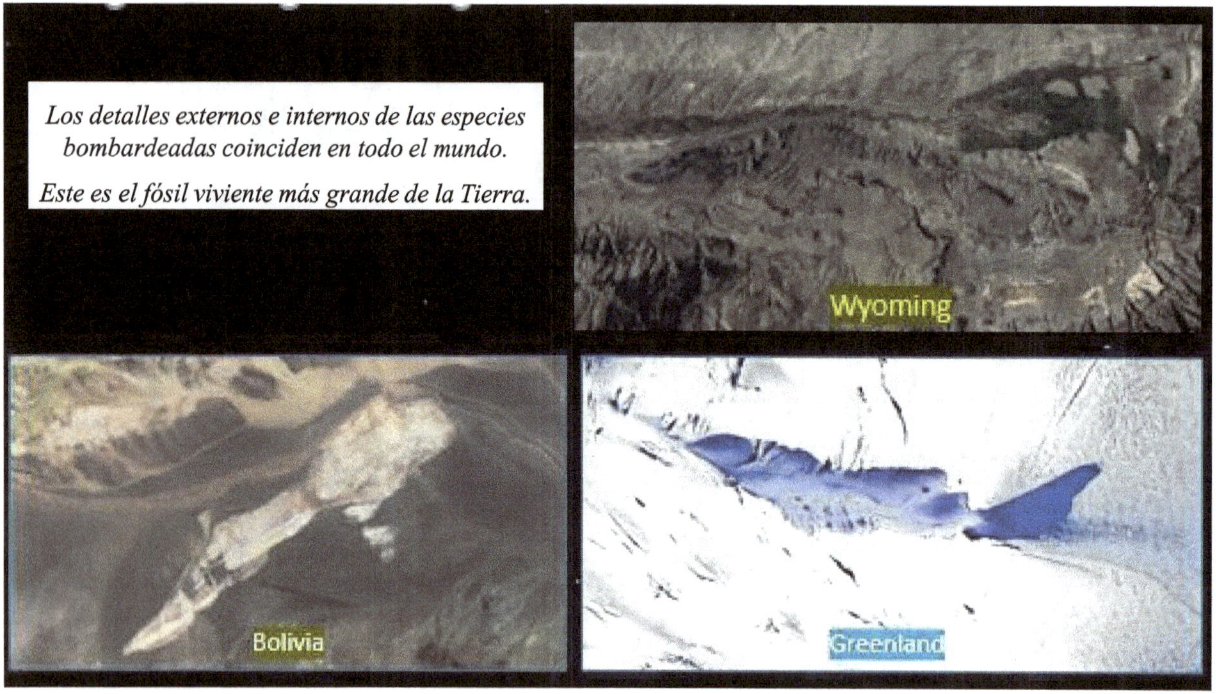
Los detalles externos e internos de las especies bombardeadas coinciden en todo el mundo.
Este es el fósil viviente más grande de la Tierra.
Wyoming
Bolivia
Greenland

Foto de un cohete atolón transformándose en la superaleación primitiva, proceso geométrico natural.

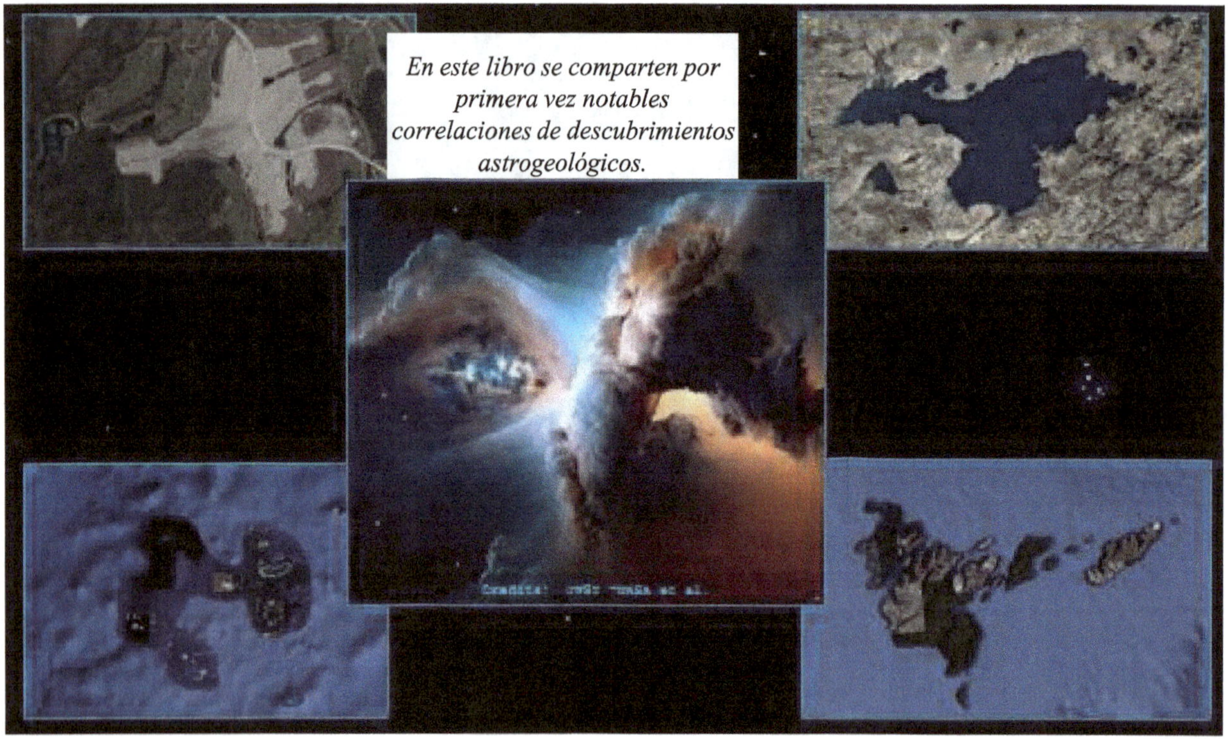
En este libro se comparten por primera vez notables correlaciones de descubrimientos astrogeológicos.

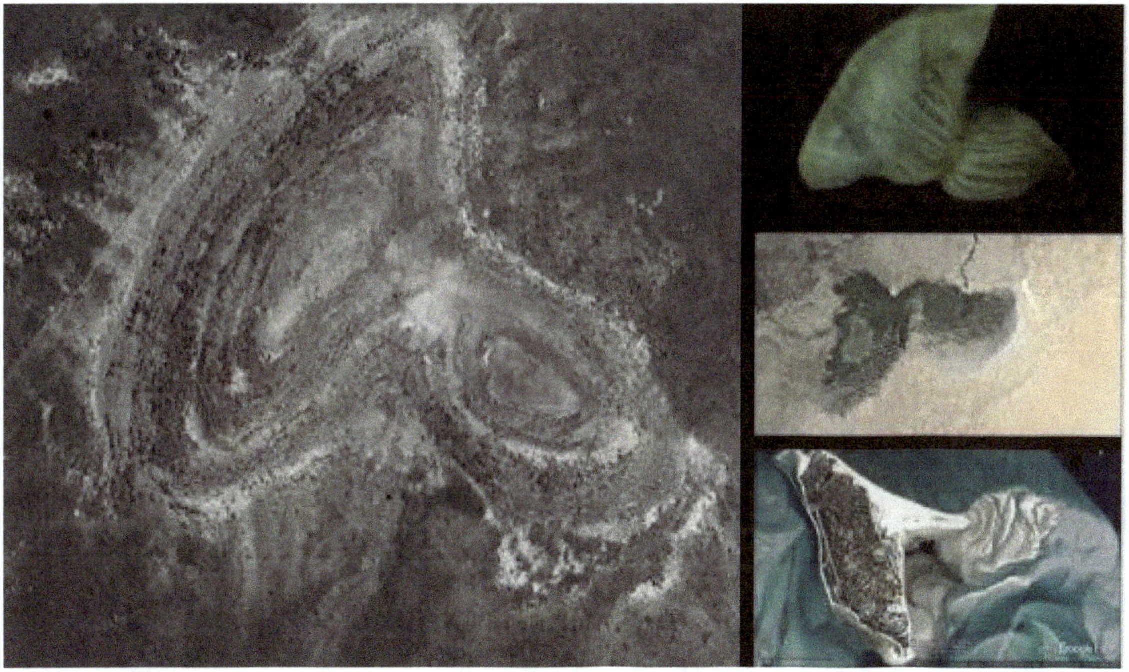

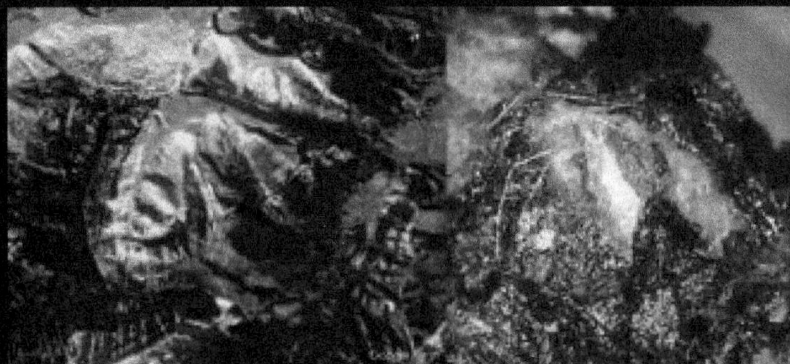

Las montañas segmentadas de Wyoming (izquierda) se replican microscópicamente tal y como se ve en la cola de la muestra del cohete de 2 cm (derecha).

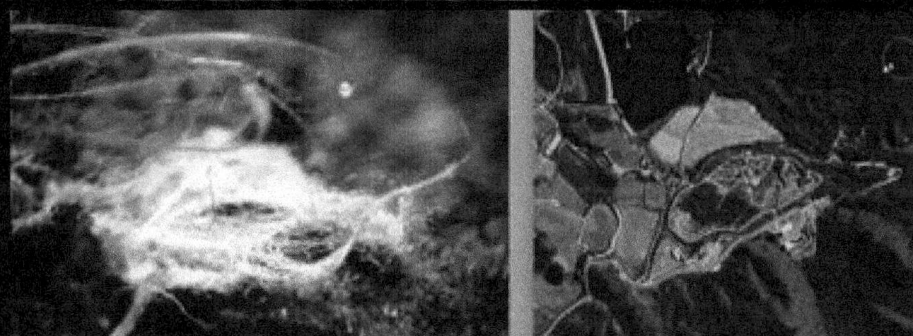

El segmento de la cabeza del Cráter Cobalto (derecha), una aleación de cohete de 3 km de largo, diseñado exactamente como la muestra T-Minus de 2 cm que encontré en una roca negra azabache del sureste de Colorado.

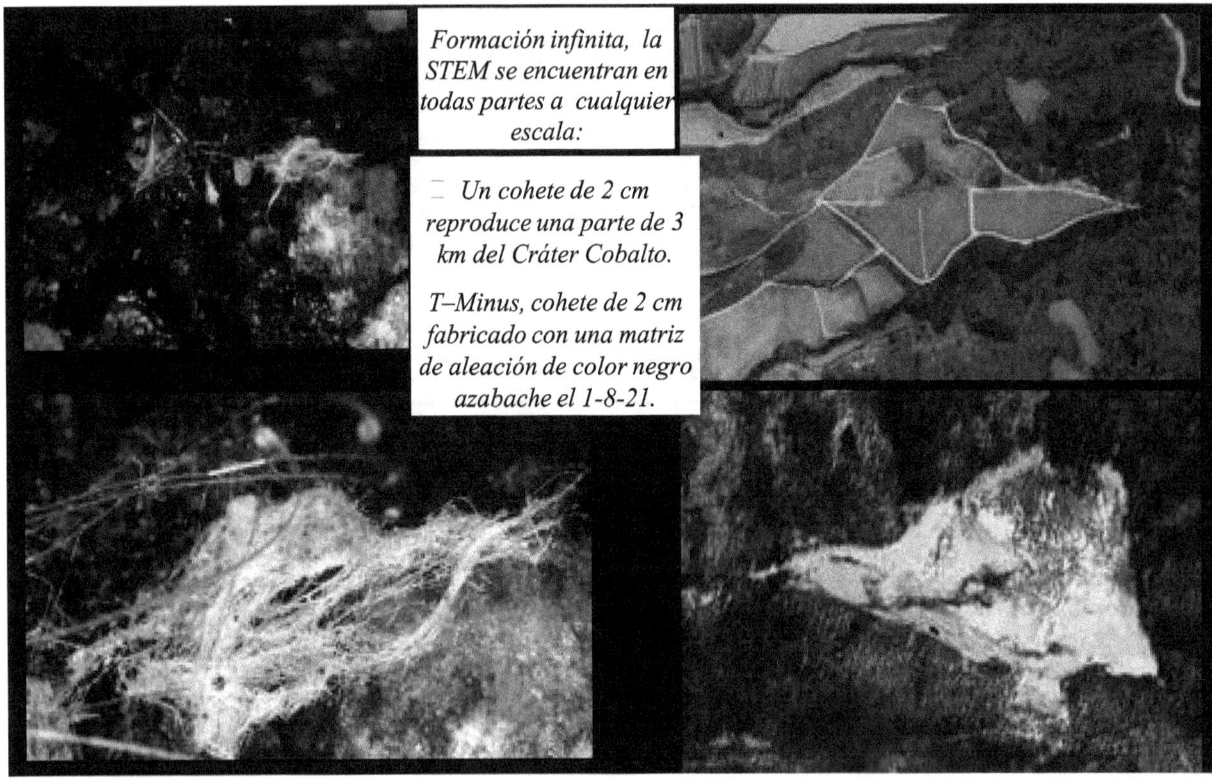

Formación infinita, la STEM se encuentran en todas partes a cualquier escala:

Un cohete de 2 cm reproduce una parte de 3 km del Cráter Cobalto.

T–Minus, cohete de 2 cm fabricado con una matriz de aleación de color negro azabache el 1-8-21.

El reconocimiento de especies en el microscopio y el satélite es clave para resolver el panorama general.

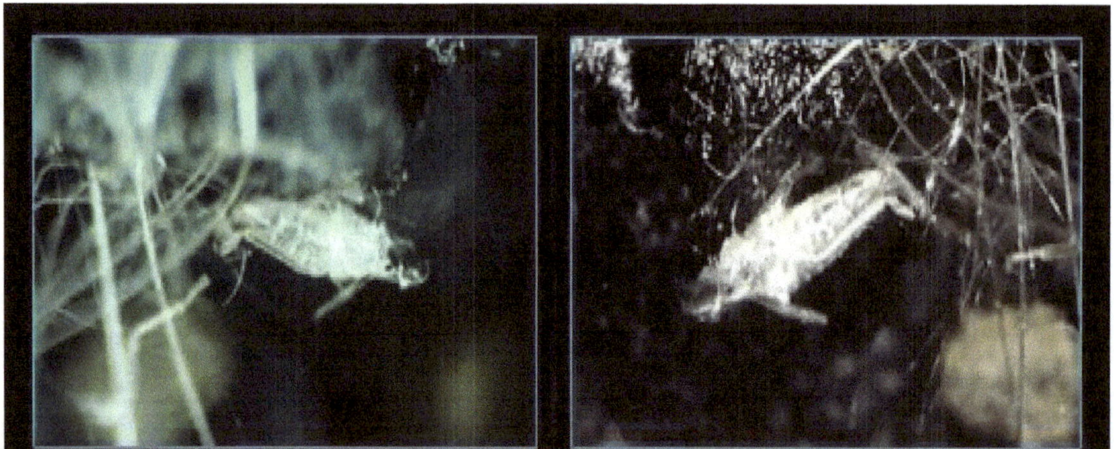

Se tardó años en conciliar las correlaciones y aún queda toda una vida por delante para seguir descubriendo cosas.

Los resultados de la tecnología avanzada son una magnífica muestra de una naturaleza cuántica de superaleación creada a lo largo de miles de millones de años. Las primeras especies animales precámbricas pueden haber tenido un aspecto más metálico y robótico, pero pueden haber cambiado con la Tierra y las fuentes de alimento.

Sus representaciones son como un cocodrilo, una raya, un tiburón, una anguila, un pez y cualquier otra cosa que pueda imaginarme emparejada con las rocas.

Los patrones de puesta en escena y replicación se exhiben en todo el mundo.

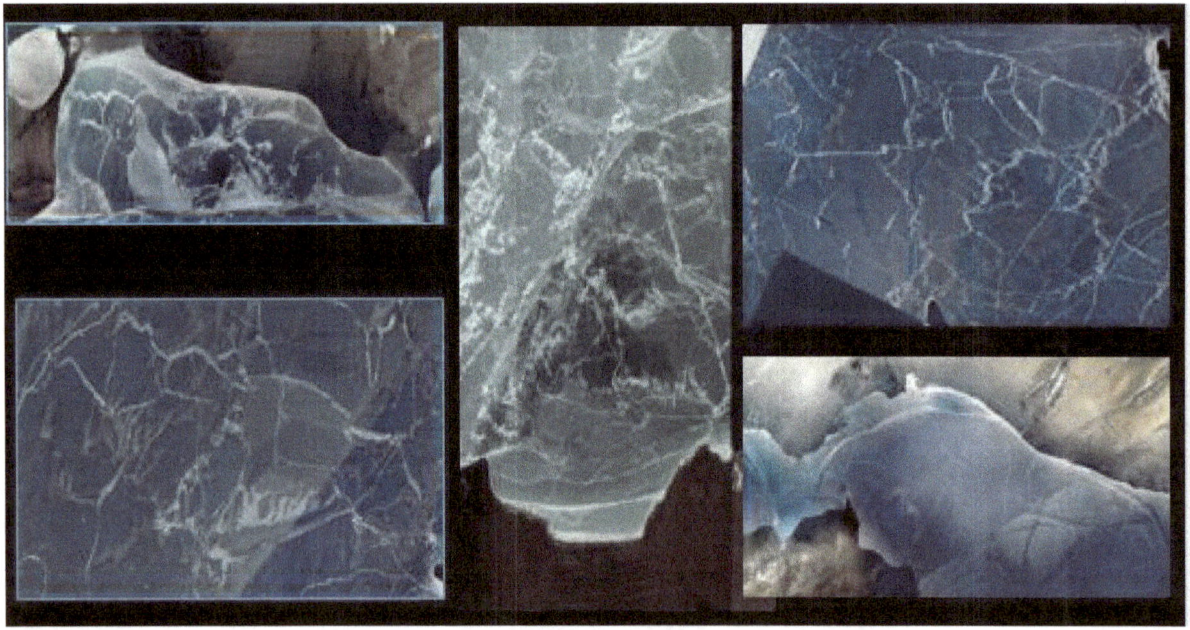

Cohetes del lago congelado de la montaña tibetana.

El "primer" es el código cuántico de la cadena de vida de la especie.
Así es cómo, por qué y qué es la aplicación de la teoría de cuerdas para un geocientífico.

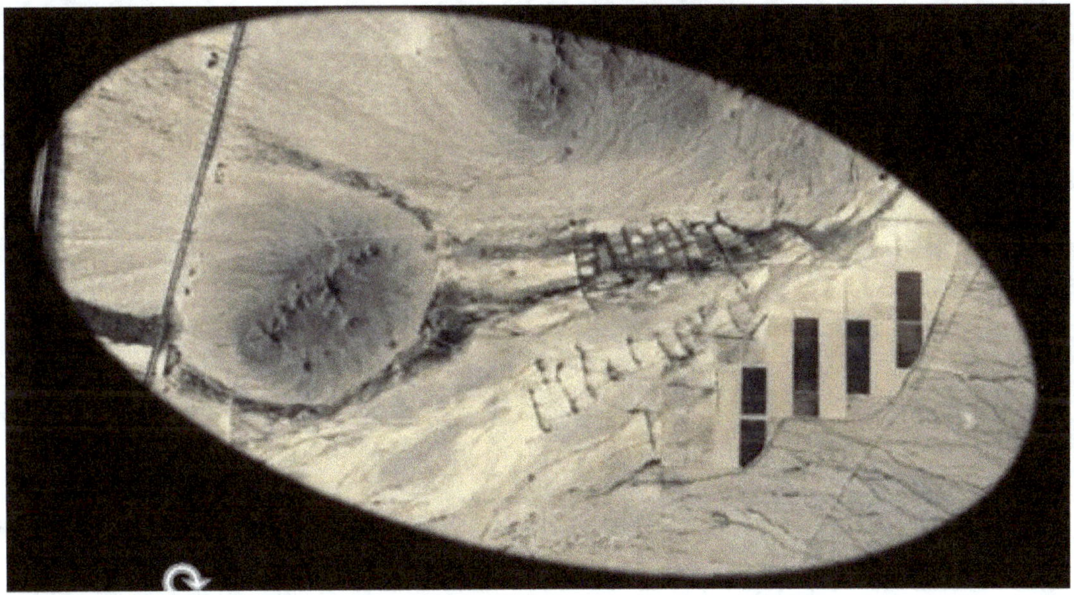

El primer de la especie se enrolla hasta liberarse con el impacto bajo una fuerza extrema a medida que se consume y se expande.

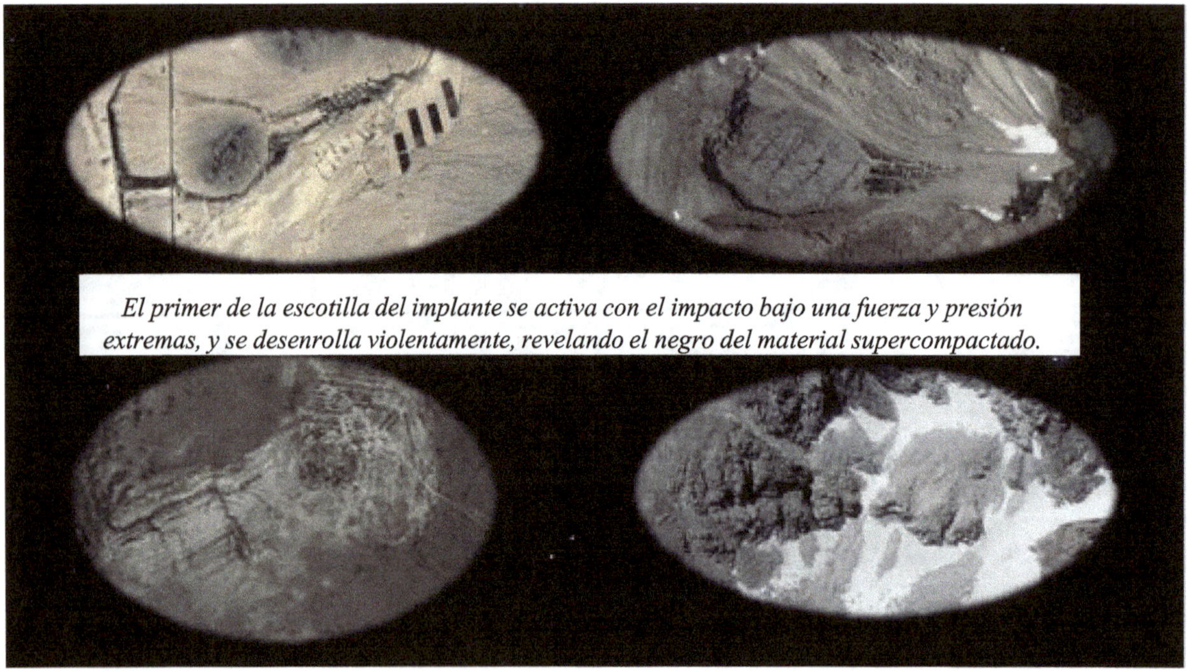

El primer de la escotilla del implante se activa con el impacto bajo una fuerza y presión extremas, y se desenrolla violentamente, revelando el negro del material supercompactado.

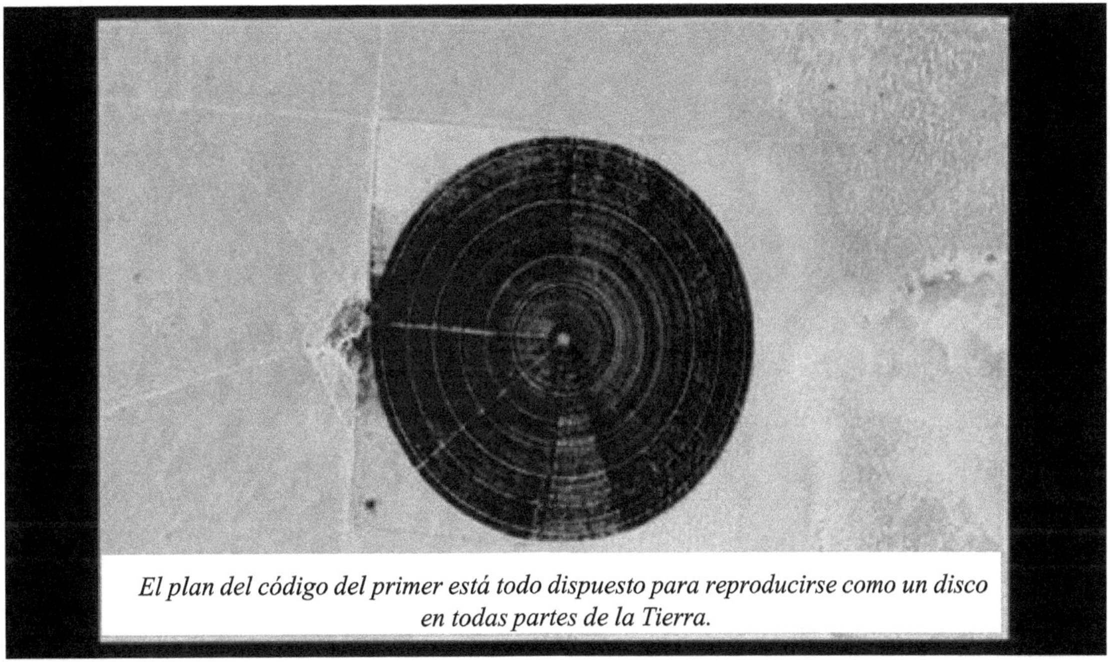

El plan del código del primer está todo dispuesto para reproducirse como un disco en todas partes de la Tierra.

Johnny Tesone

Moldes y relictos de escoria electrolítica del primer

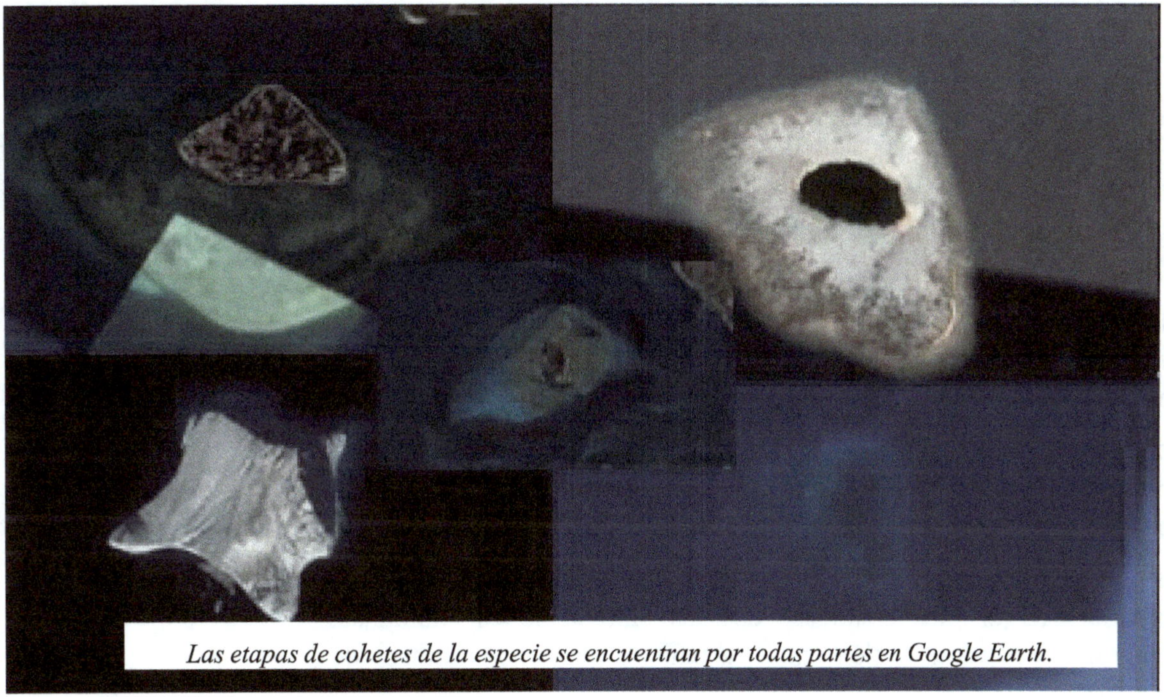

Las etapas de cohetes de la especie se encuentran por todas partes en Google Earth.

Retorno de Combustión

El capítulo simboliza la naturaleza explosiva del sistema alienígena. También proporciona sensaciones visuales de las fases de ignición activa de las especies de cohetes a través de las fases de sinterización de chispas de plasma, camuflaje, duplicación y aterrizaje.

Al vivir las múltiples escenas en esta etapa de la investigación, llegué a conclusiones humildes y proféticas. Me resigné a la inmensa profundidad del olvido humano sobre la naturaleza, incluyéndome a mí mismo.

El Exterranamine es una fábrica de minería de materiales y ciencia espacial en tiempo real que demuestra tecnologías mecánicas, combustibles y de reconstitución de cohetes en tiempo real.

Quizás sea el momento de explorar más a fondo con la especie para comprender mejor los matices de las interacciones humanas. Necesitamos descubrir quién nos desafía a entrar y tratar de comunicarnos.

El plan para la próxima etapa de mi vida personal es despegar en un cohete terrestre para explorar las tierras de un planeta con vida alternativa, tal vez el que acaba de descubrir la NASA.

La exploración de Marte y las misiones futuras podrían estudiarse mejor en la Tierra, donde su tecnología profundamente arraigada puede aplicarse a las misiones más profundas del planeta.

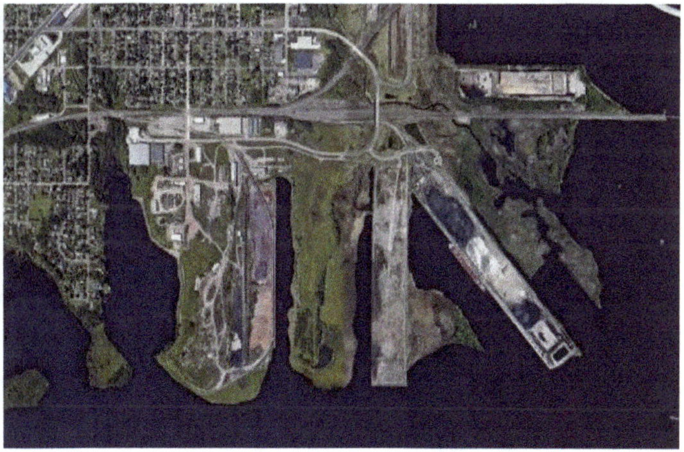

Exterranaforms – dimensiones alternativas de la naturaleza observadas transformándose, ocultas en estructuras humanas y objetos similares a los humanos que se muestran a plena vista.

Nuestro planeta es un ciclo continuo de tiempo geológico de una especie terrestre avanzada que lleva 5.000 millones de años invadiendo y lanzándose.

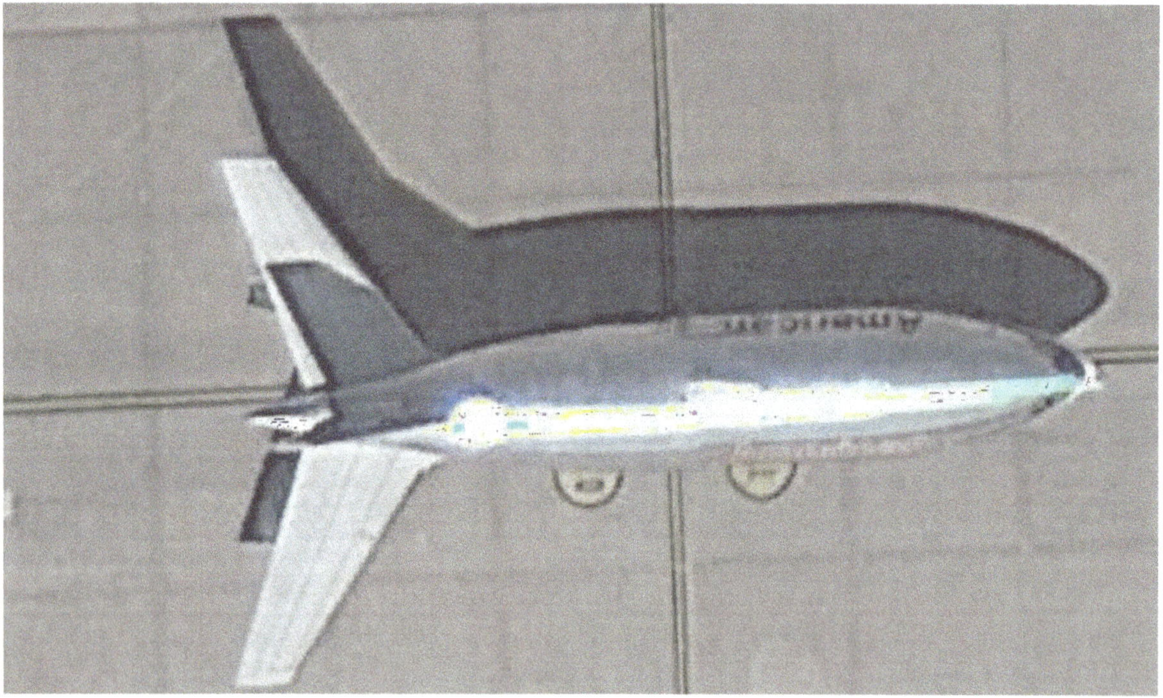

Todo listo para el despegue... Una de mis fotos favoritas de Google Earth. No es de extrañar que tantos pilotos...

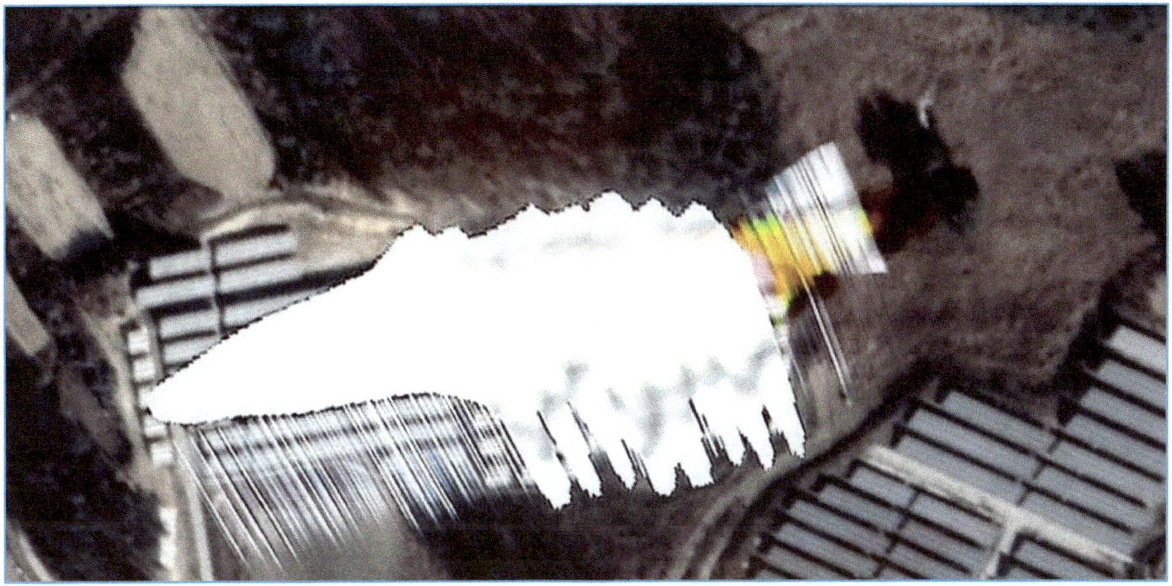

Fase de encendido por chispa de plasma de un cohete de 230 m de largo. Estas avanzadas etapas de lanzamiento, una de las muchas que hay en esta zona, solo se han encontrado y concentrado cerca del descubrimiento del Cráter Cobalto.

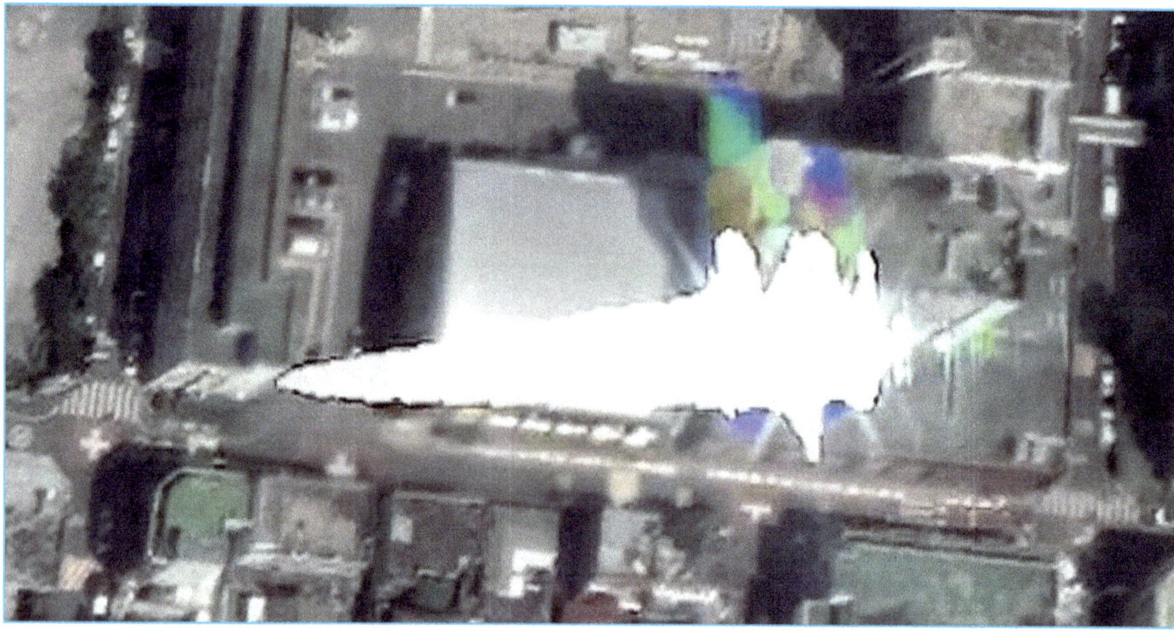

Los extraterrestres son la tecnología; esto es la Tierra Cohete.

La fábrica de cohetes de plasma muestra un espectro cuántico de clonación, material transformable camuflado como minas de grava e instalaciones de clasificación que producen cohetes alienígenas avanzados para su lanzamiento.

La siguiente serie de fotos se renderizó solo en un iPhone 11 y no se usó IA.

Johnny Tesone

El proceso mecánico de la cinta transportadora alienígena solo se ve en Google Earth y no es visible desde la carretera en nuestro espectro visible. Pero nunca he visto cintas en movimiento ni camiones de carga, solo nuevas pilas enormes de tierra de colores variados.

Al principio no podía creer lo que veían mis ojos, ni tampoco mi familia, por cierto.

2D

Johnny Tesone

Secretos de Los Vientos

Johnny Tesone

Johnny Tesone

Líneas eléctricas y estructuras de presas Exterranaforms.

Una vez visibles desde el suelo, estas líneas eléctricas ya no se pueden ver desde la carretera ni por satélite.

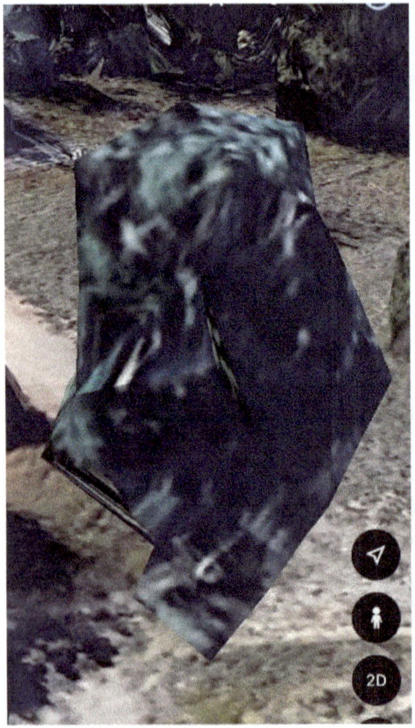
2D

Secretos de Los Vientos

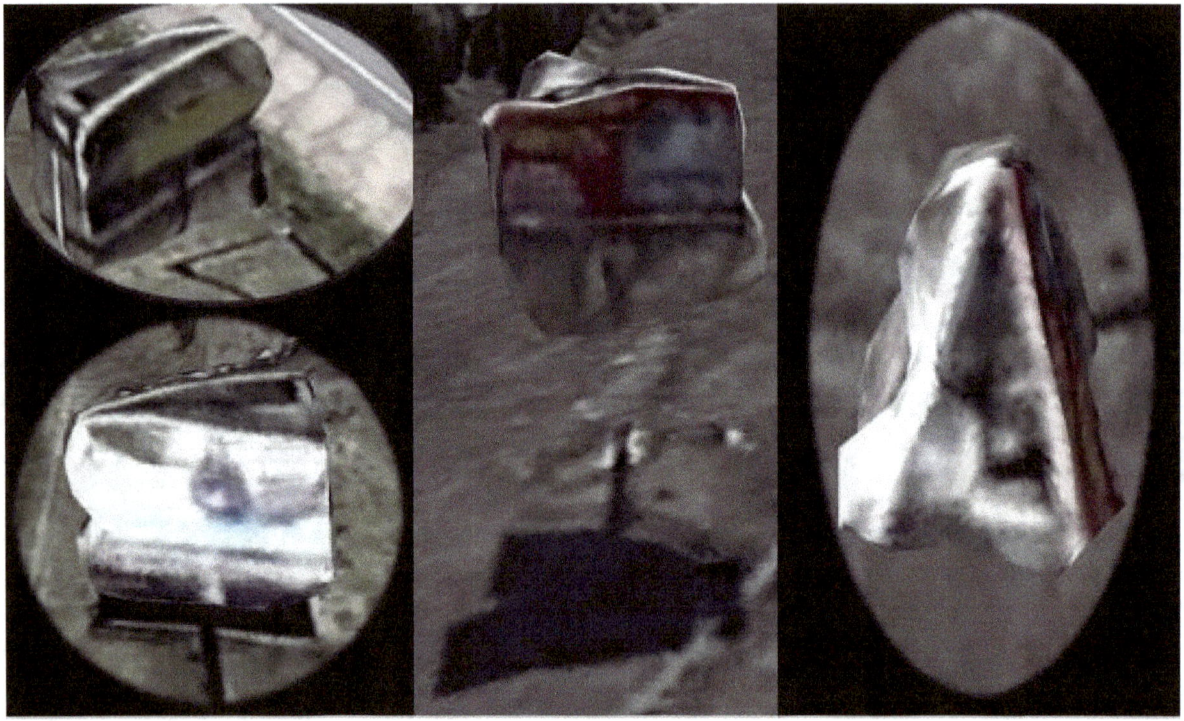

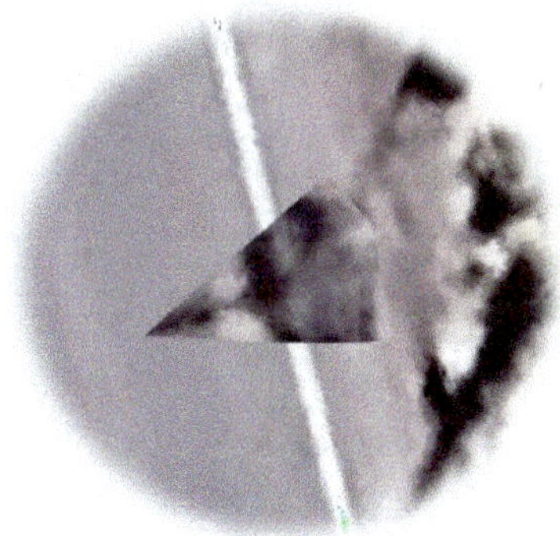

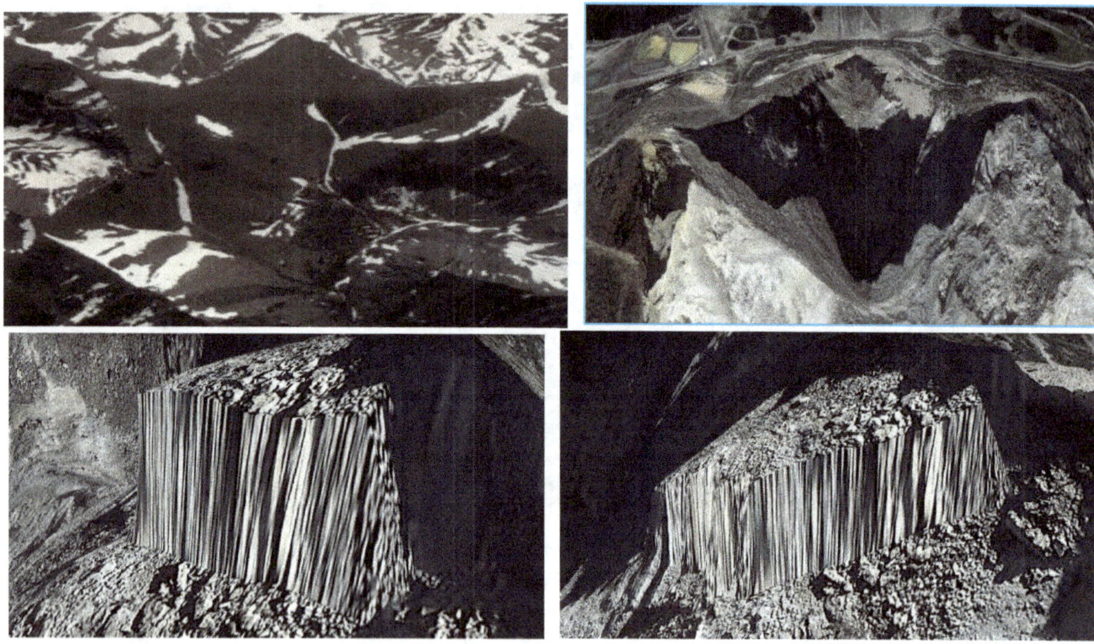

Fábrica Rocket Mountain, Jones Pass, Colorado. Presenta una estructura pentagonal y afloramientos hiperdimensionales.

Los acantilados del mar Mediterráneo muestran afloramientos de la aleación.

La Gran Conformidad; el pasado, el presente y el futuro, la especie terrestre regresa para reformarse y lanzarse. El diseño cuántico, geológico y biomecánico se perpetúa a través del tiempo.

El cohete de 100 metros es el más definido encontrado hasta la fecha .

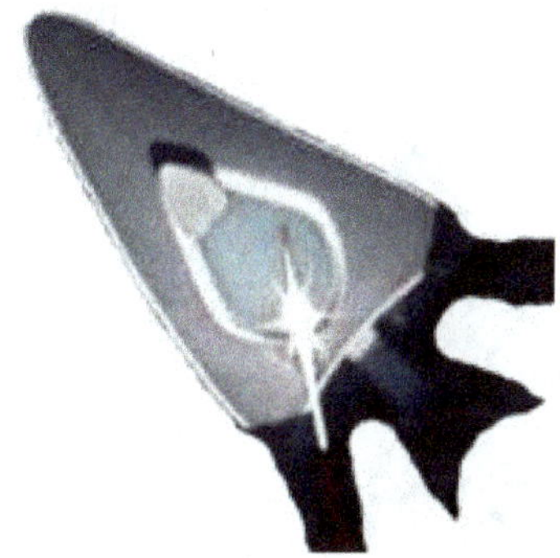

Cohete de "Hielo Verde" de 100 micras

Infinito

La búsqueda del conocimiento nos lleva a considerar el origen de la vida en la Tierra como un acontecimiento singular, parte de un gran diseño cósmico. La teoría de la panspermia sugiere que las semillas de la vida podrían estar repartidas por todo el universo, transportadas entre planetas a lomos de cometas, asteroides y cohetes, lo que convierte la noción de la vida como fenómeno cósmico no solo en una posibilidad, sino quizá en algo habitual. Esta idea despierta la imaginación, al proponer que la vida en la Tierra podría tener orígenes extraterrestres. A su vez, la vida de la Tierra podría encontrar un lugar en mundos lejanos.

La búsqueda de exoplanetas, planetas más allá de nuestro sistema solar, ha revelado miles de mundos, algunos de los cuales se encuentran en las zonas habitables de sus estrellas. Estas son regiones donde las condiciones podrían ser adecuadas para que exista la vida tal y como la conocemos. Estos descubrimientos alimentan la especulación sobre la existencia de otro planeta similar a la Tierra, un lugar donde la vida ha surgido y prosperado en paralelo a nuestro mundo. El telescopio espacial James Webb incluso ha detectado posibles signos de vida en la atmósfera de un exoplaneta lejano, lo que sugiere la posibilidad de que no estemos solos en el universo. En cuanto a vivir en otra época, la implacable marcha de la evolución sugiere que la humanidad seguirá adaptándose y cambiando a lo largo de los milenios. Aunque no podemos viajar físicamente atrás en el tiempo, nuestra especie podría evolucionar hacia formas que las generaciones futuras consideren claramente diferentes de nosotros hoy en día. El concepto del viaje en el tiempo sigue siendo un elemento básico de la ciencia ficción, una idea fascinante que desafía nuestra comprensión de las leyes fundamentales de la física.

La distancia a estos otros sistemas es enorme, medida no solo en millas o kilómetros, sino en años luz, una unidad que transmite la inmensa escala que implica hablar del cosmos. Las estrellas más cercanas están a decenas de billones de kilómetros de distancia. Los exoplanetas que hemos descubierto orbitan alrededor de estrellas a cientos o incluso miles de años luz de distancia de nosotros. El viaje a estos mundos, si fuera posible, sería la odisea definitiva. Abarcaría generaciones y requeriría tecnologías que actualmente están más allá de nuestros sueños más descabellados.

Capturar la esencia de la eterna búsqueda de la humanidad por encontrar un significado y una conexión en el universo es una empresa noble. A través de la investigación científica y la exploración imaginativa, todos buscamos comprender nuestro lugar en la inmensidad del espacio y la continuidad del tiempo. Tanto si encontramos a nuestros parientes cósmicos en otros mundos como si descubrimos que somos realmente únicos, el viaje del descubrimiento promete ampliar nuestros horizontes y enriquecer nuestro conocimiento colectivo. Las respuestas a estas preguntas pueden no solo redefinir nuestra comprensión de la vida y la existencia. La sensación de infinitud que he aceptado es un testimonio del deseo inquebrantable del espíritu humano de ir más allá de lo conocido, de tocar el tejido del universo y encontrar nuestro reflejo en su profundidad infinita.

Pinturas faciales de Alienígenas Terrestres

Los hombrecitos verdes no son tan pequeños después de todo.

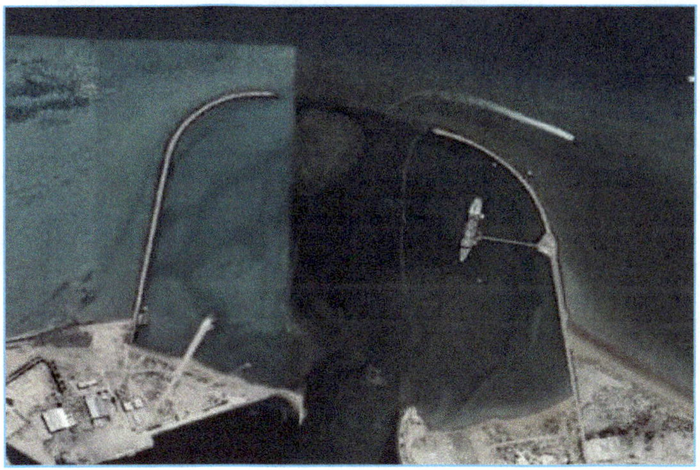

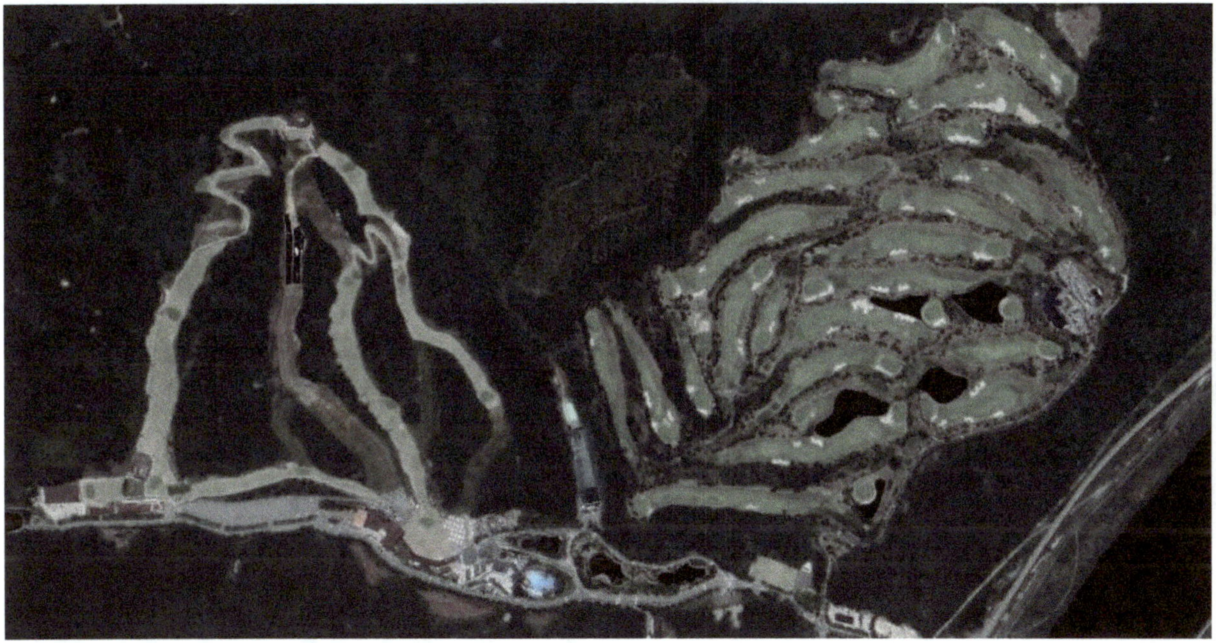

El nido de lanzamiento de los alienígenas terrestres muestra la alineación apilada de individuos en crecimiento, preparándose para embarcar en una nave en un futuro incalculable.

Johnny Tesone

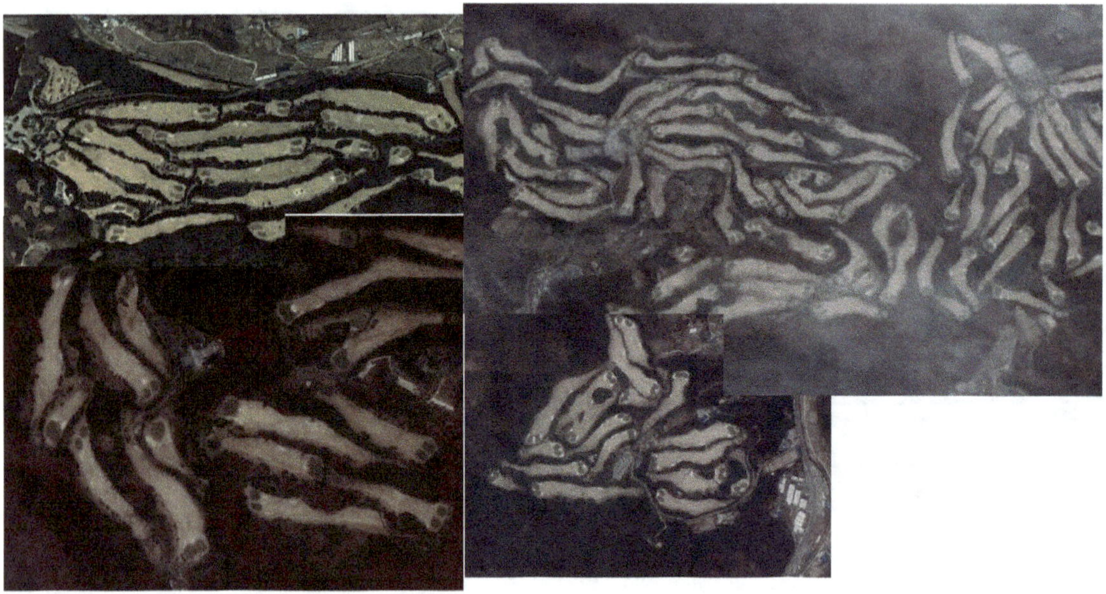

Estos campos de golf con aspecto de granjas se encontraban concentrados específicamente en la Costa del Pacífico. Los extraterrestres se distribuyen absorbiendo el sol y desarrollándose según el plan de lanzamiento.

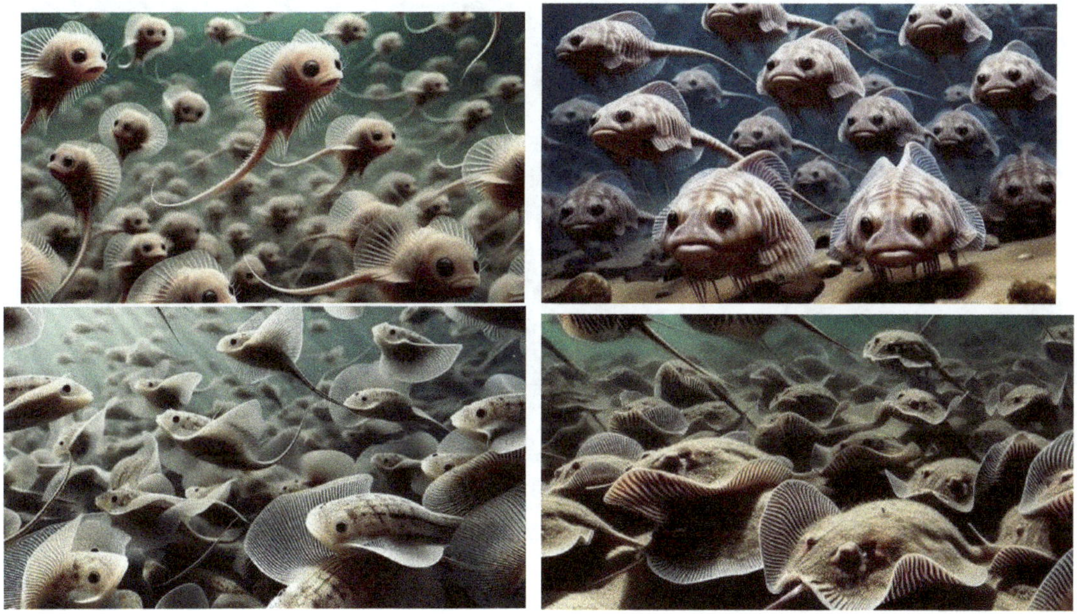

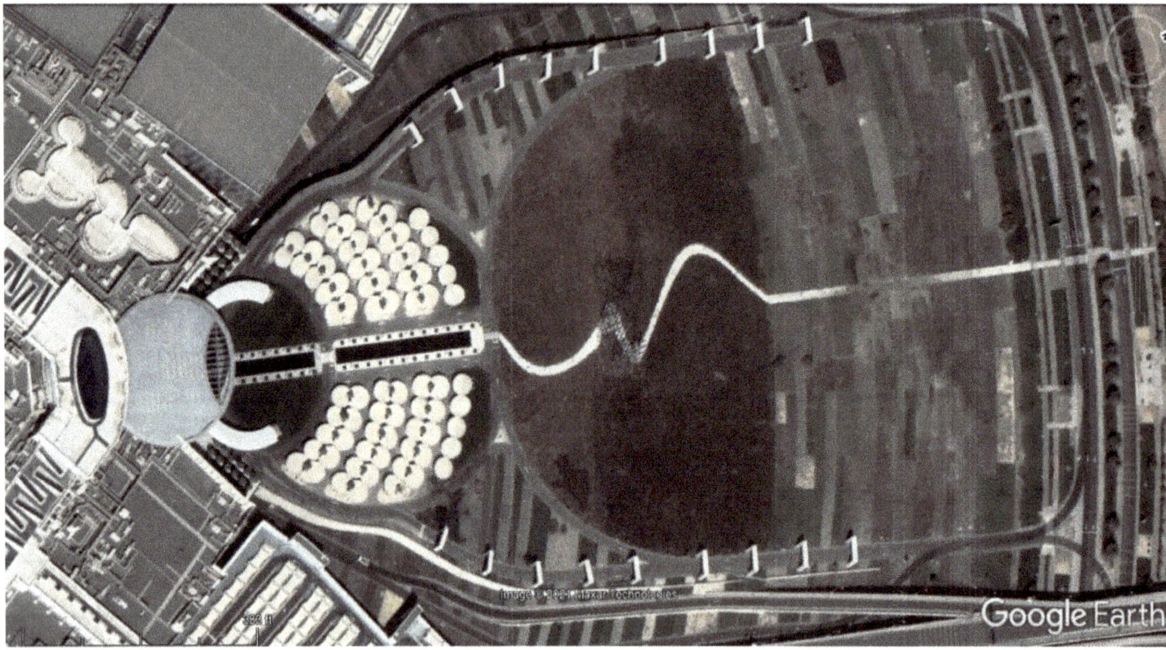
Google Earth

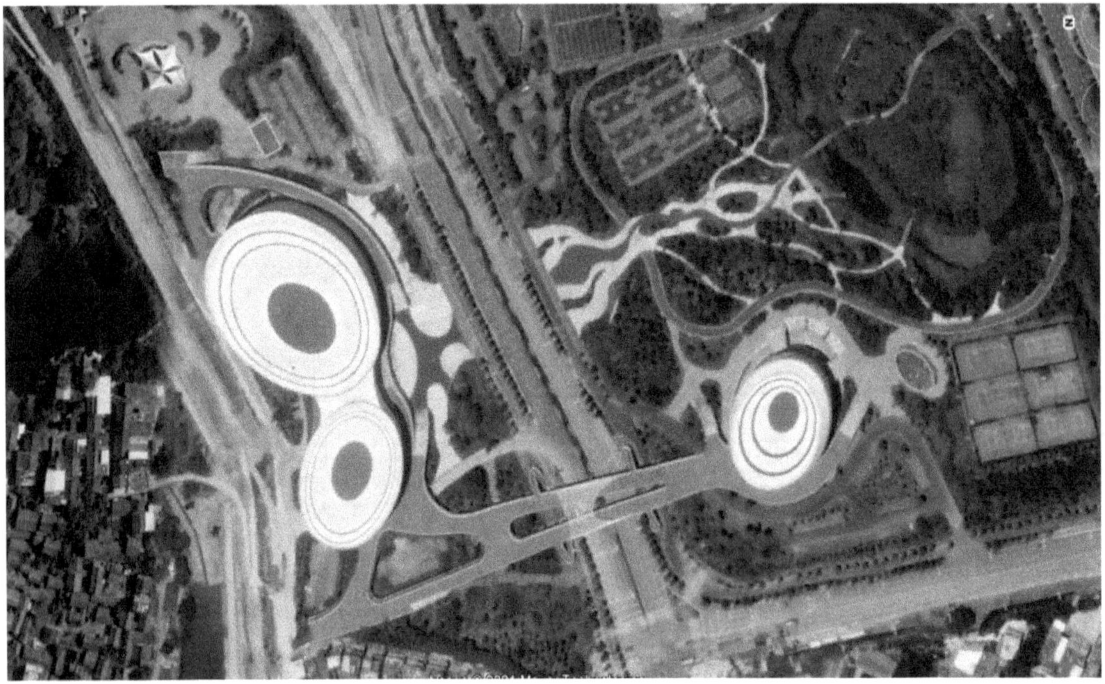

Foto de 300 micras de la especie cohete de las primeras muestras de investigación de Los Vientos. Tuve que viajar por todo el mundo para volver a Wyoming y ver el origen de Yellowstone de este cristal indicador.

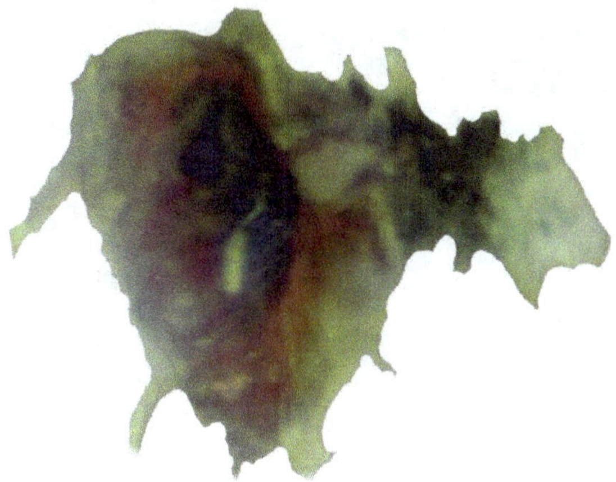

La criatura cohete, con la boca abierta, está dando a luz la naturaleza cuántica. Observa los cuernos anclados, los ojos, la nariz, las venas rojas en espiral y los circuitos del cuerpo. Una forma de vida suprema que metaboliza el agua para obtener combustible para cohetes y crea su propia energía cuántica.

Ve la siguiente página para una correlación con Google Earth.

La evidencia física comparada es el resultado innegable que se ve en todas partes de la Tierra.

El monstruo metálico exhibe límites de grano perfectos que delinean las características de la cabeza y los cuernos.

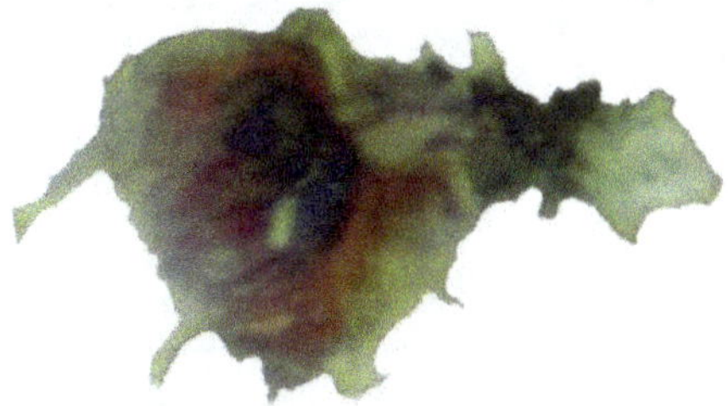

Jurásico - Presas del Archaeopteryx.

Jurásico - Presas del Archaeopteryx.

Image © 2021 Maxar Technologies
912 ft
Google E

Johnny Tesone

En la Tierra existen dimensiones infinitas e invisibles ocultas a simple vista, que se pueden observar en los cohetes que se camuflan y desaparecen.

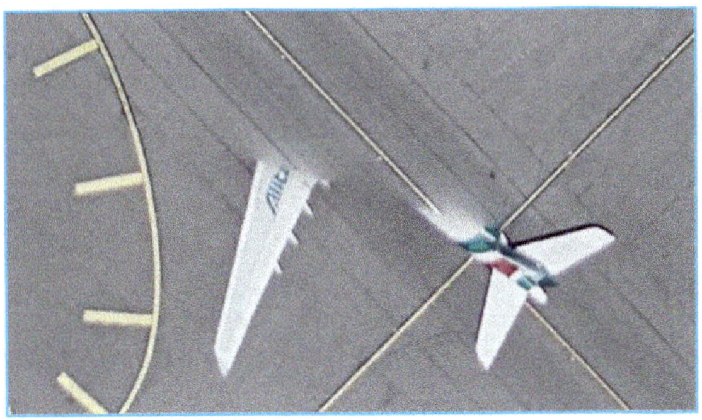

Johnny Tesone

Las escenas de los Cristales del Infinito encapsulan el tema universal de la revista: vivimos en un mundo físico cuántico asombrosamente brillante, sin límites para la imaginación, que trasciende el tiempo humano, en dimensiones ilimitadas y en nuestro espacio interior. La exposición ilustra el proceso de cristalización del ciclo de vida de la superaleación en la estructura de vida más pura y antigua a lo largo de miles de millones de años, transformando kilómetros de océano y costa.

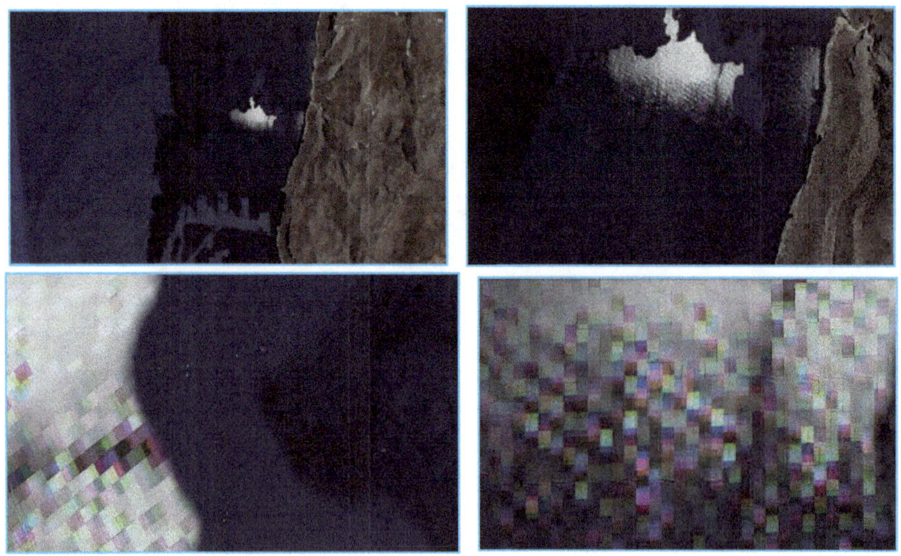

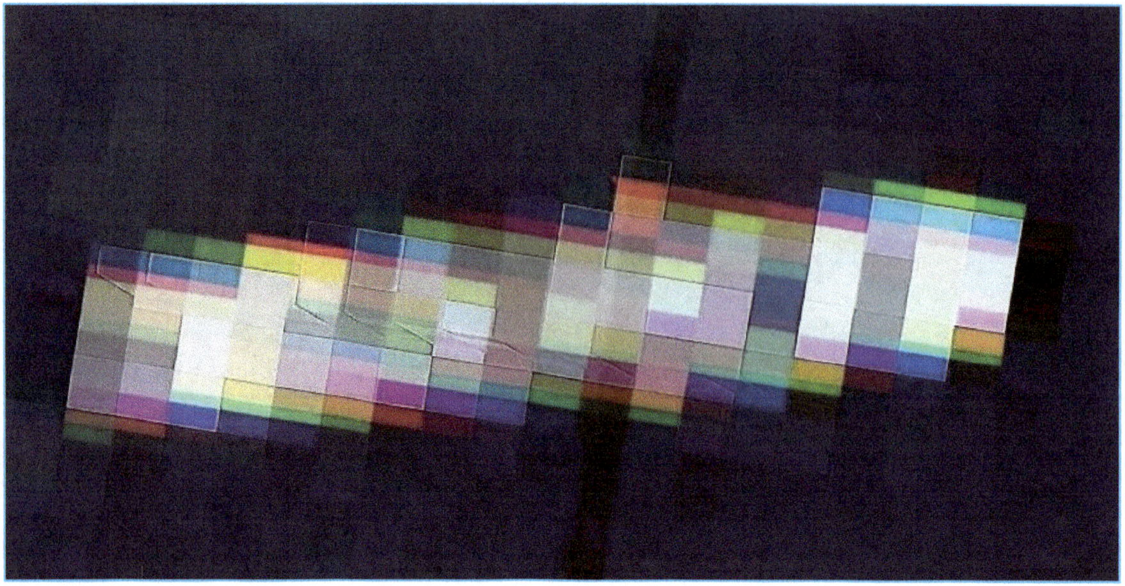

La imagen superior del cristal de tesonita (330 mts de largo) no se encuentra en Google Earth, pero al menos tengo esta.

El plegamiento ajustado y exponencial muestra los patrones de aceleración y cristalización de la superaleación.

Johnny Tesone

Johnny Tesone

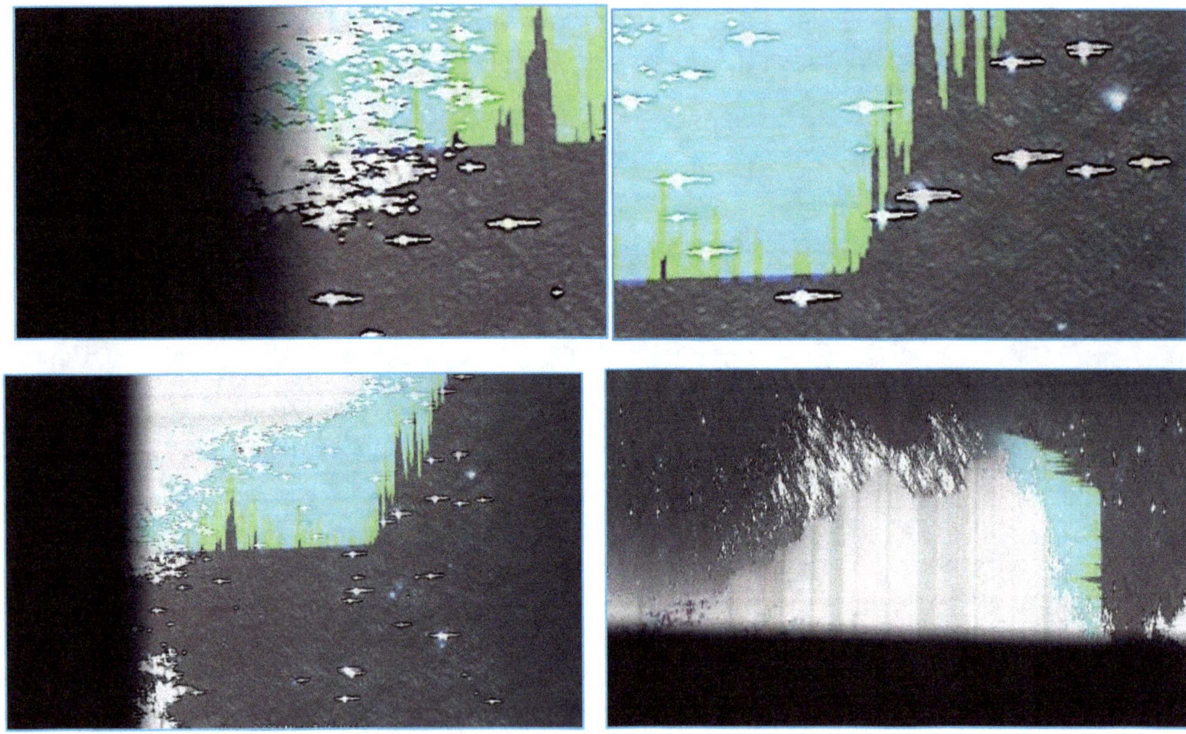

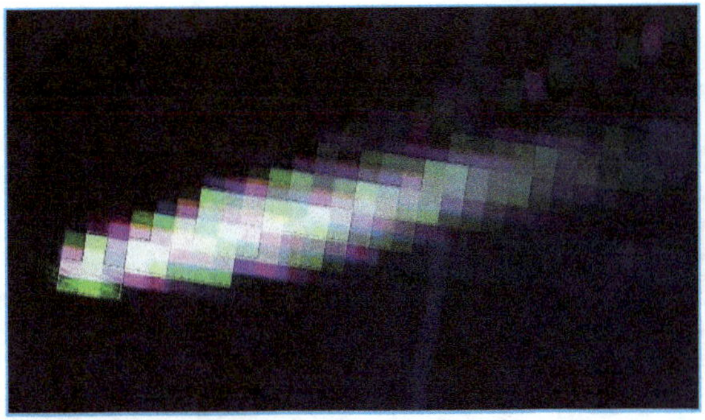

Johnny Tesone

Johnny Tesone

Johnny Tesone

Johnny Tesone

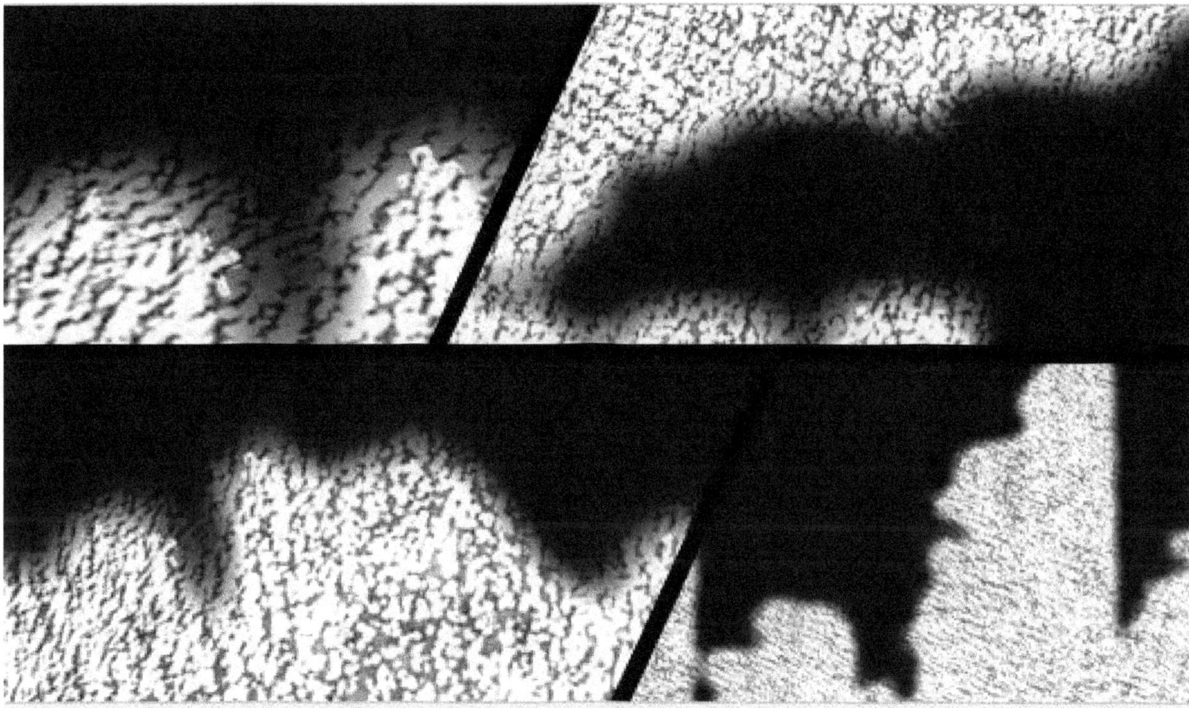

Johnny Tesone

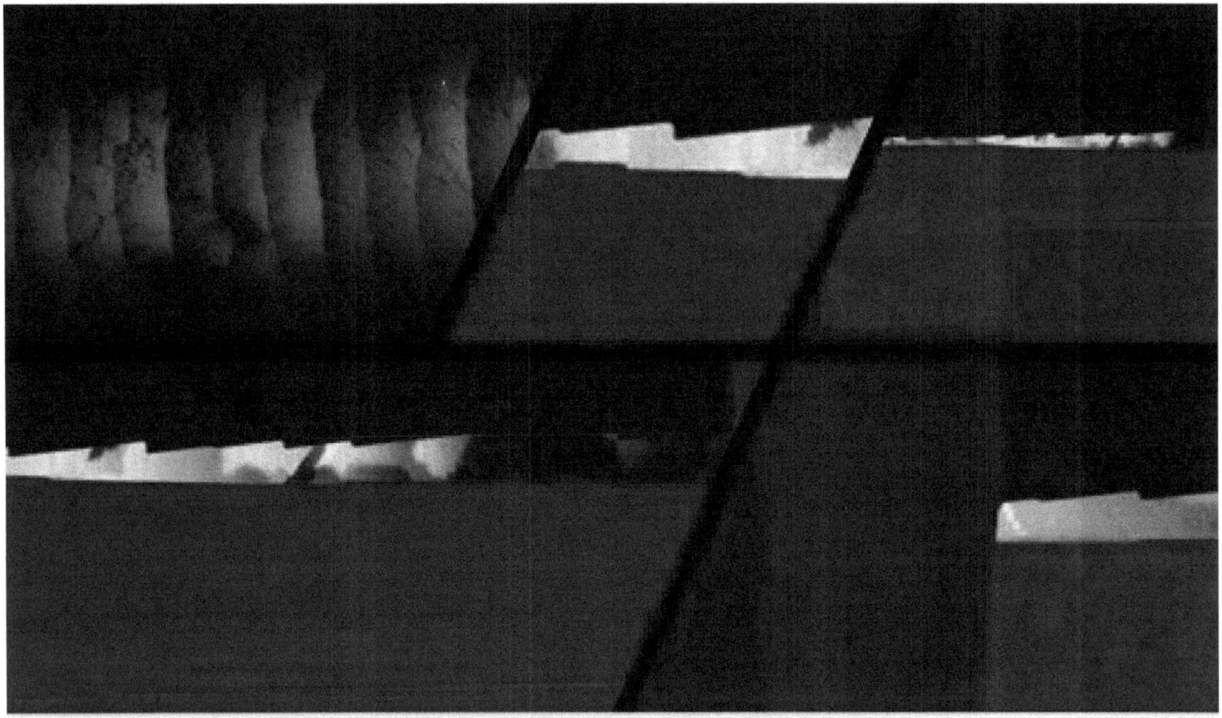

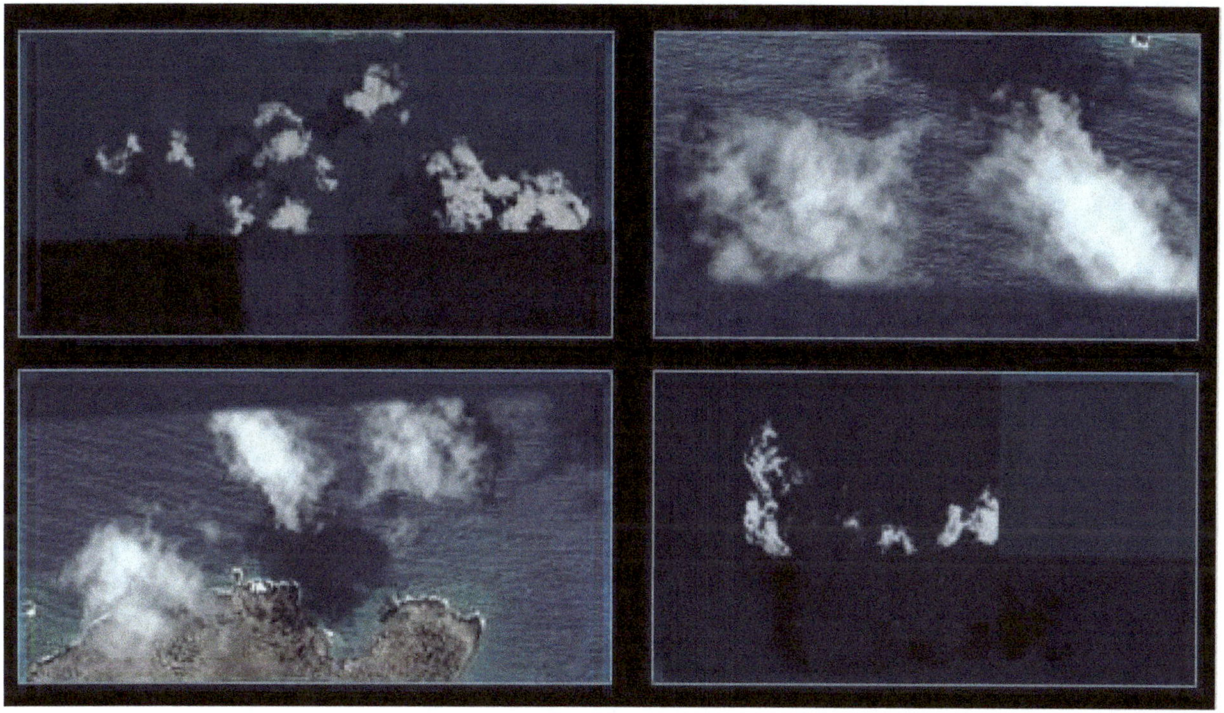

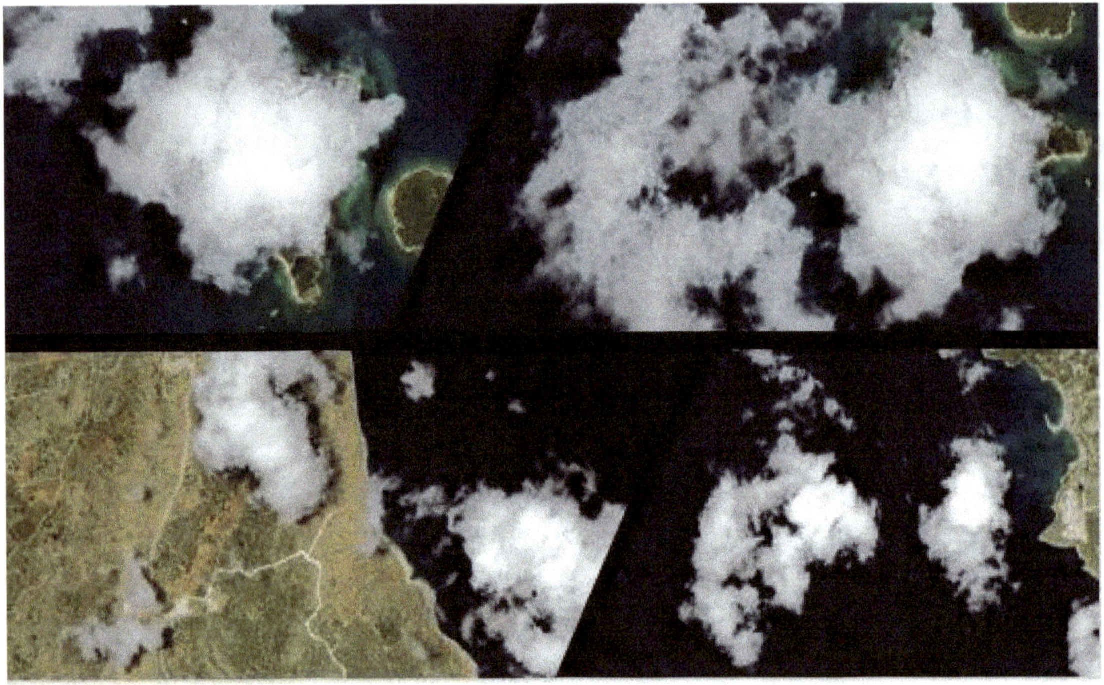

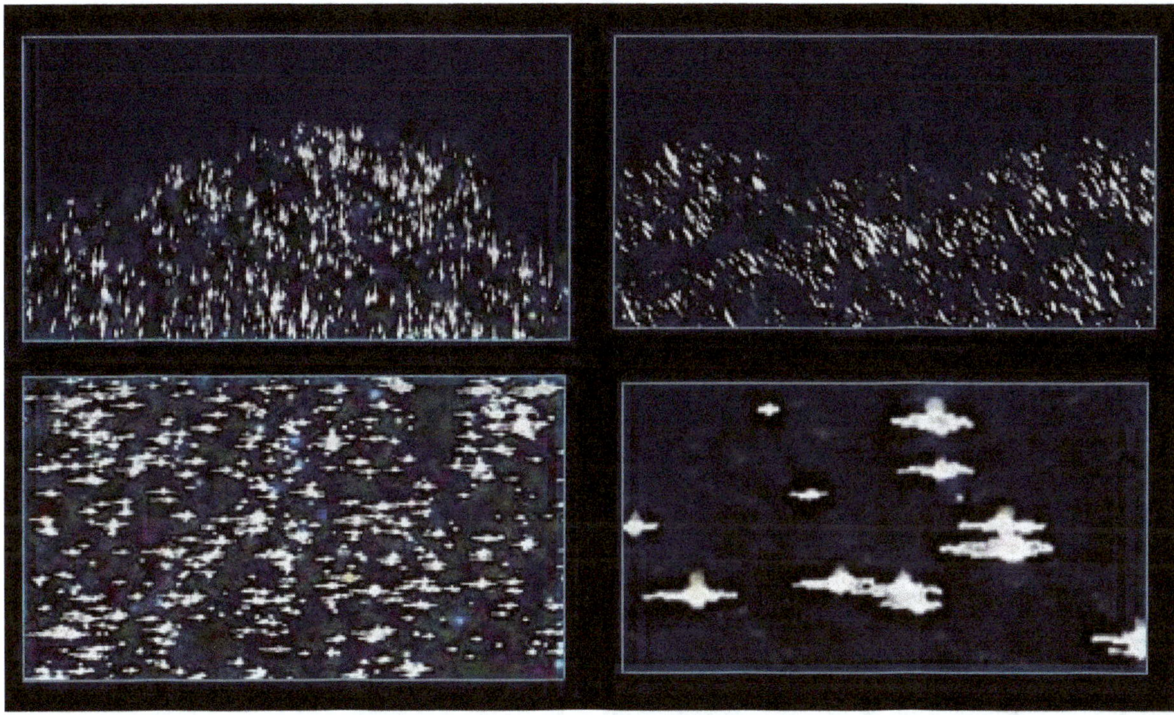

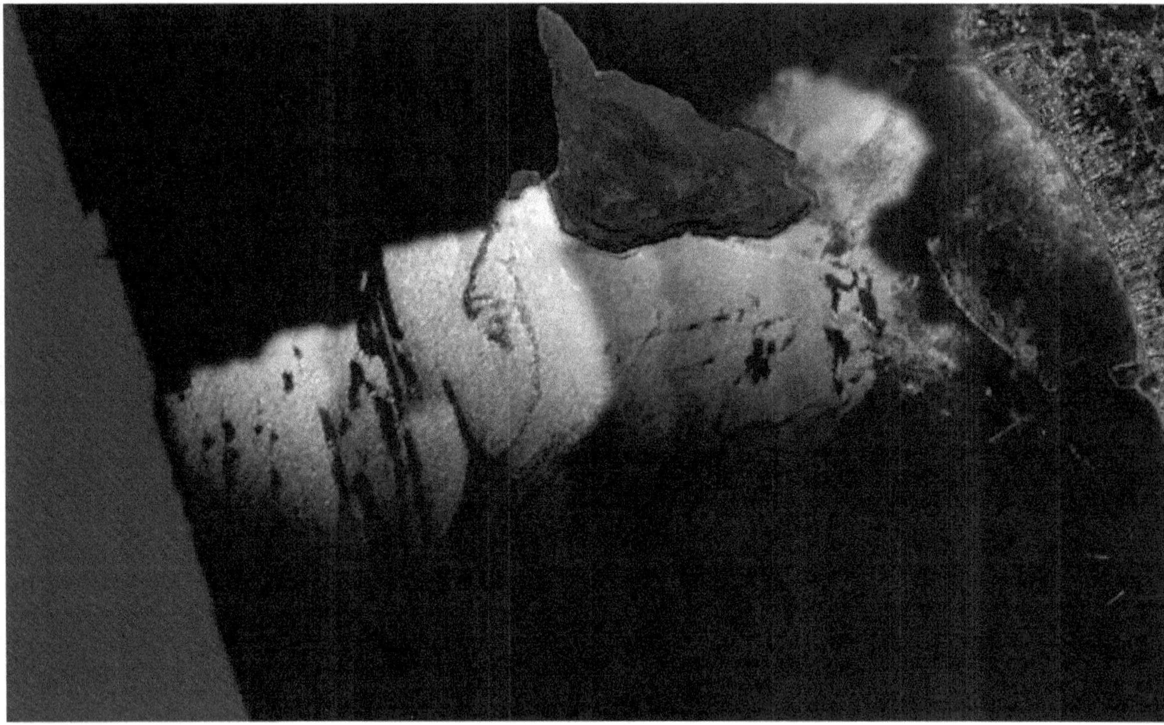

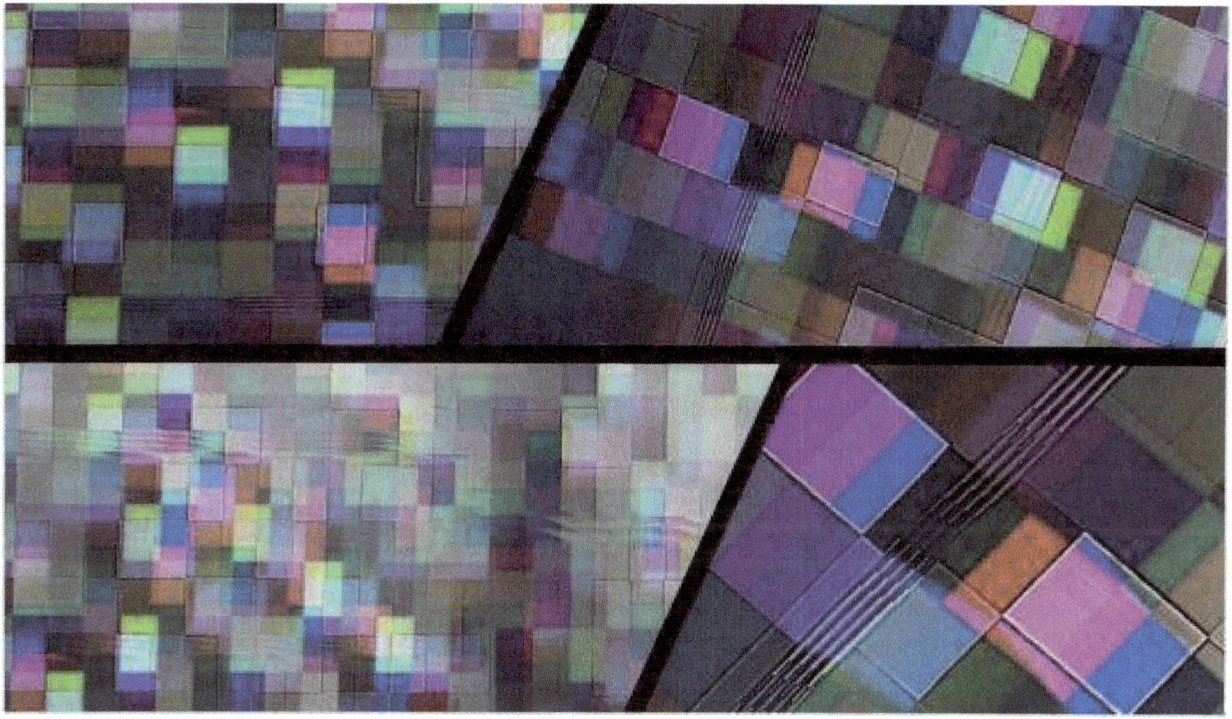

Johnny Tesone

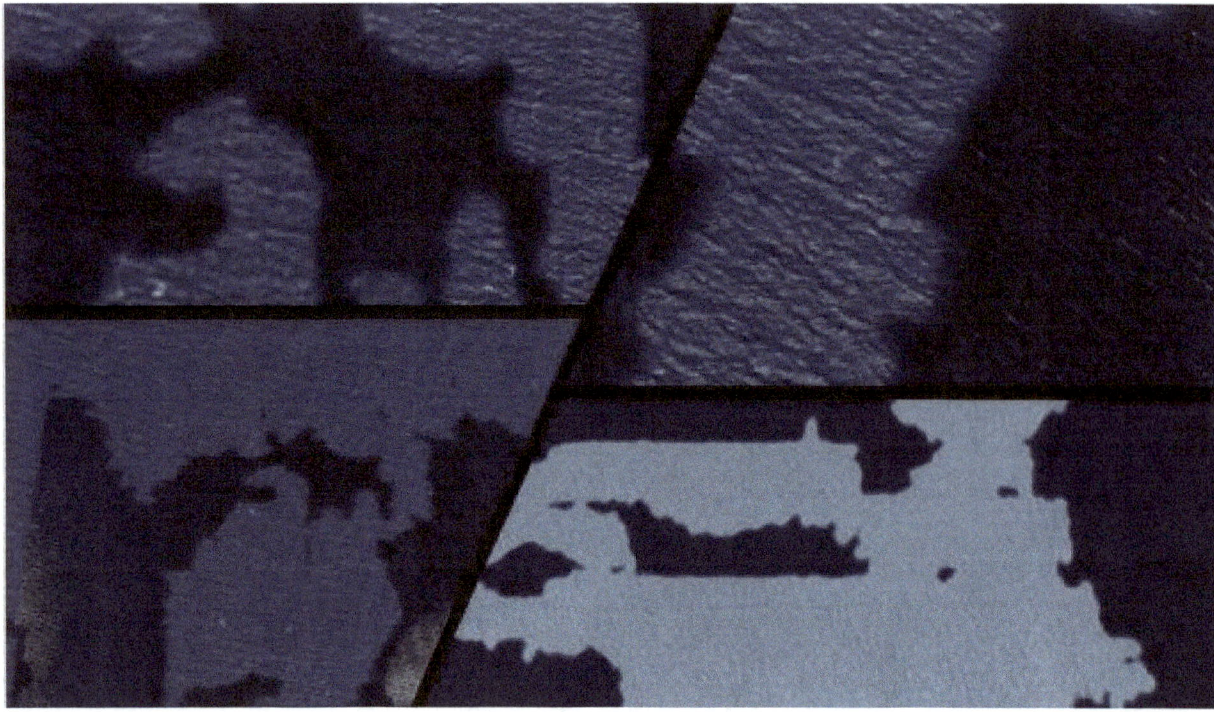

Johnny Tesone

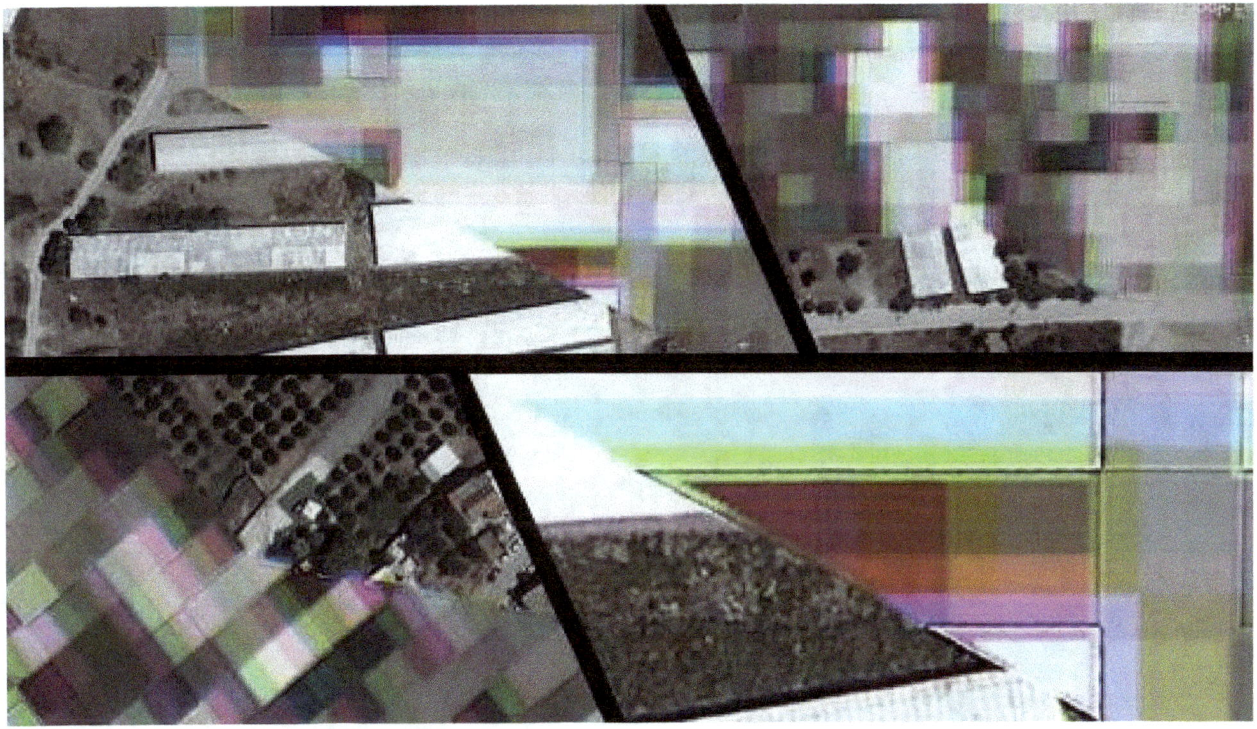

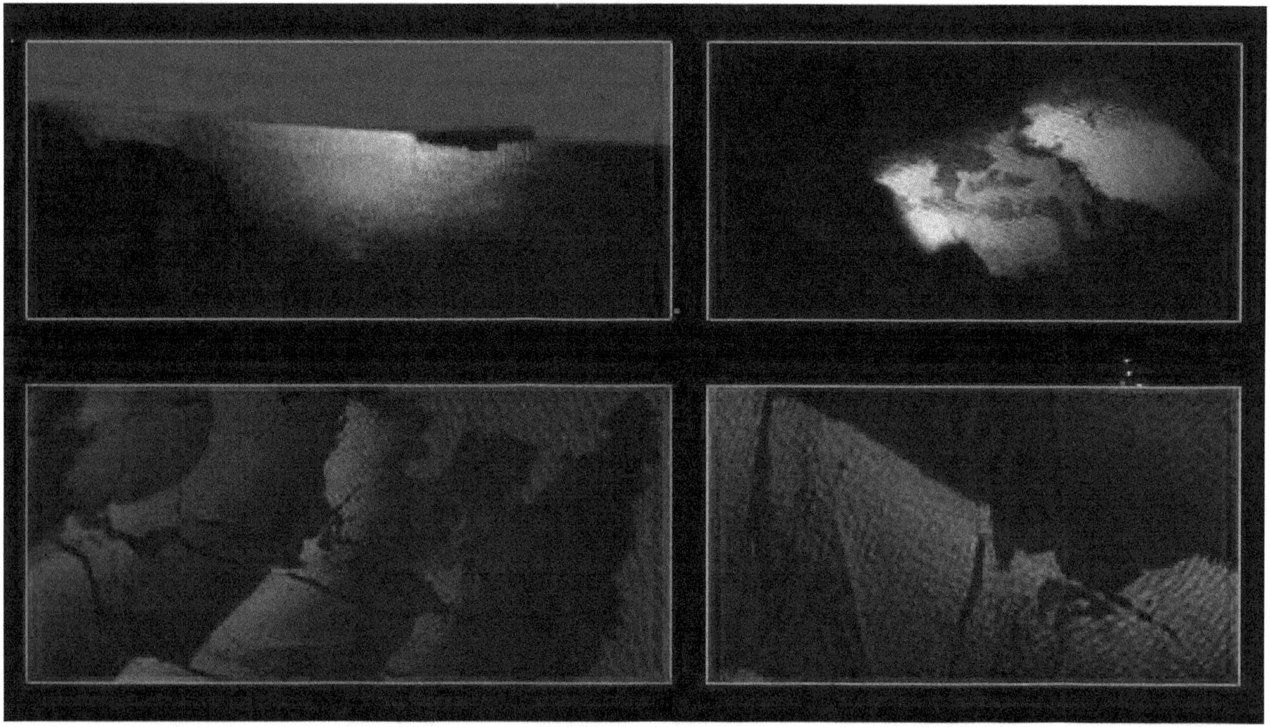

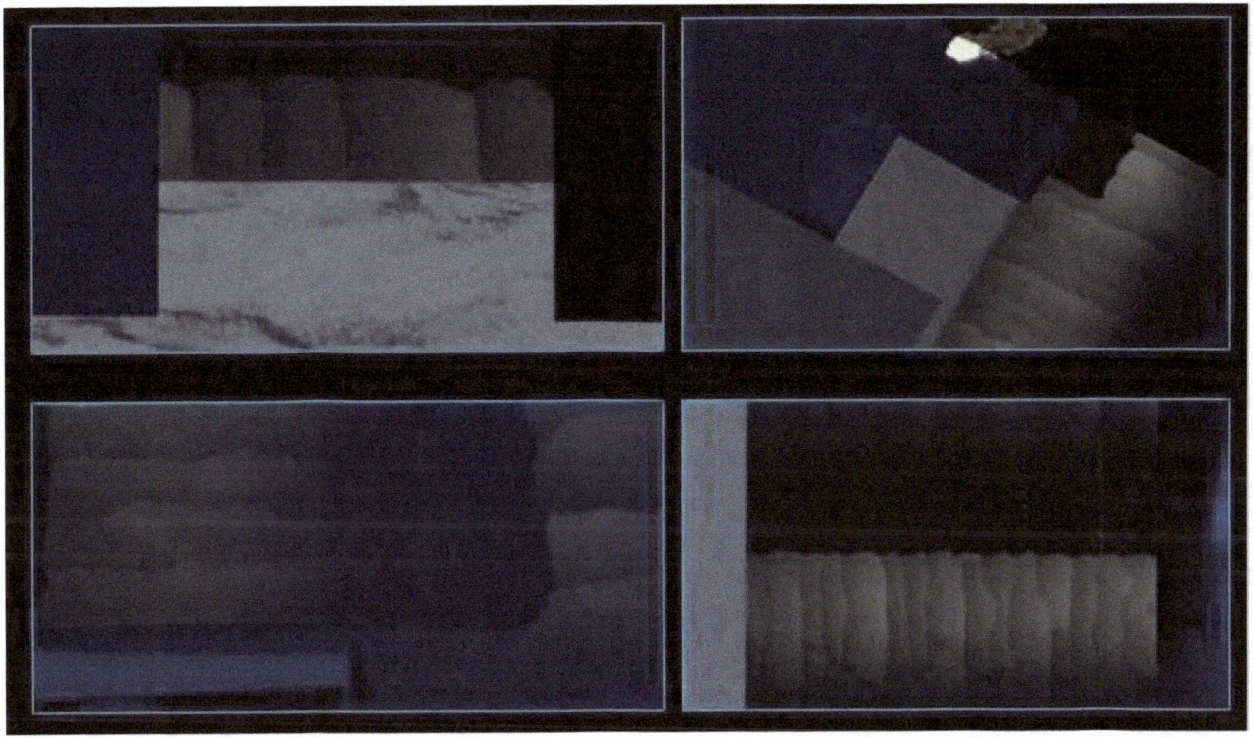

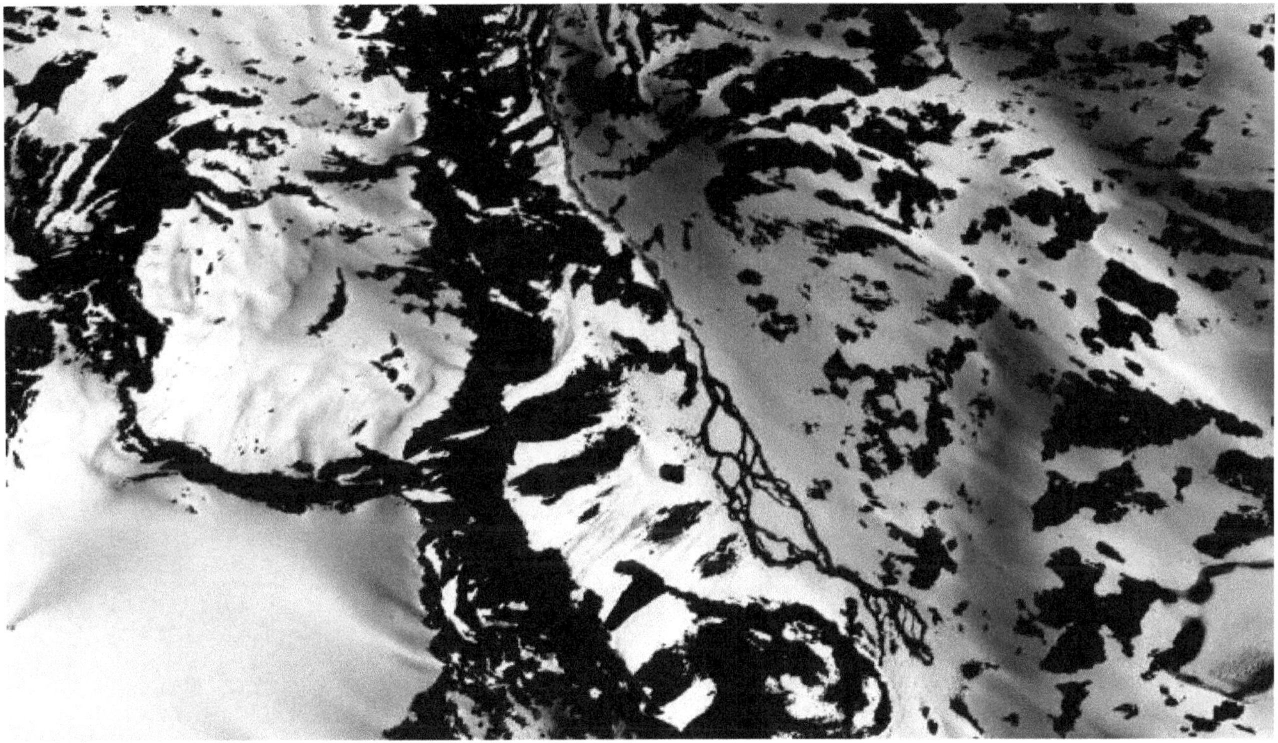

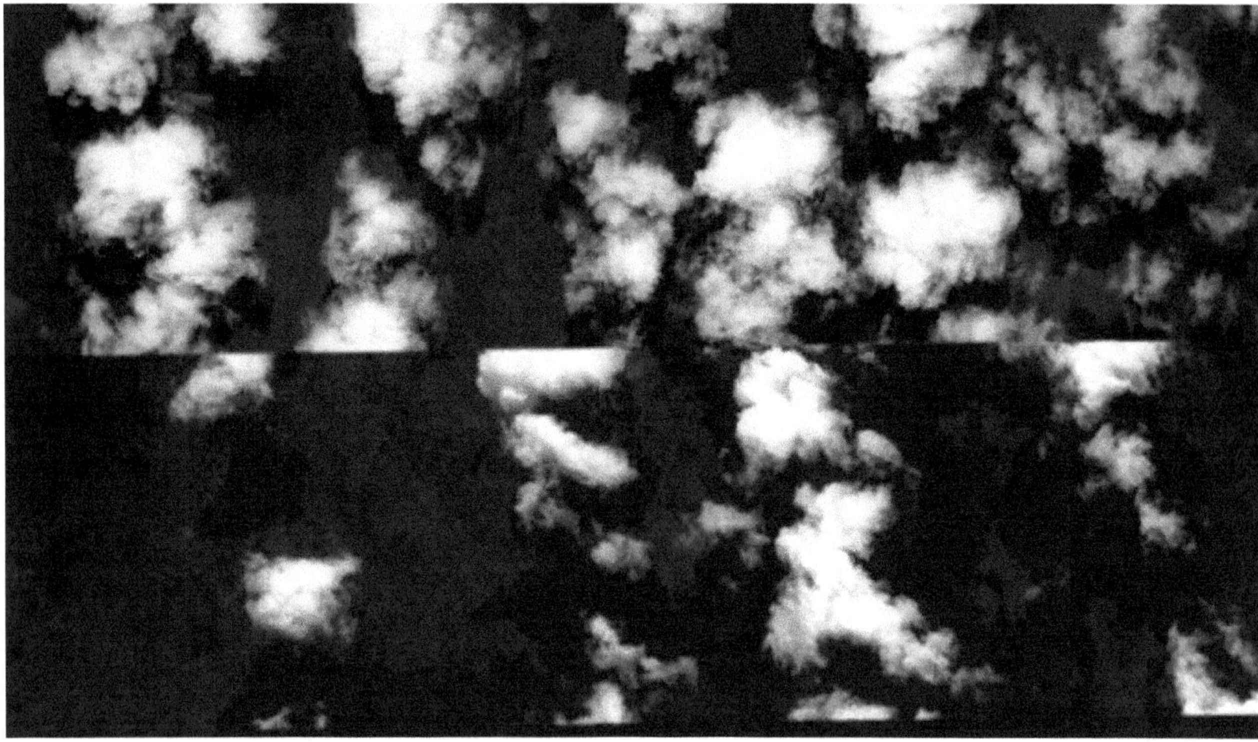

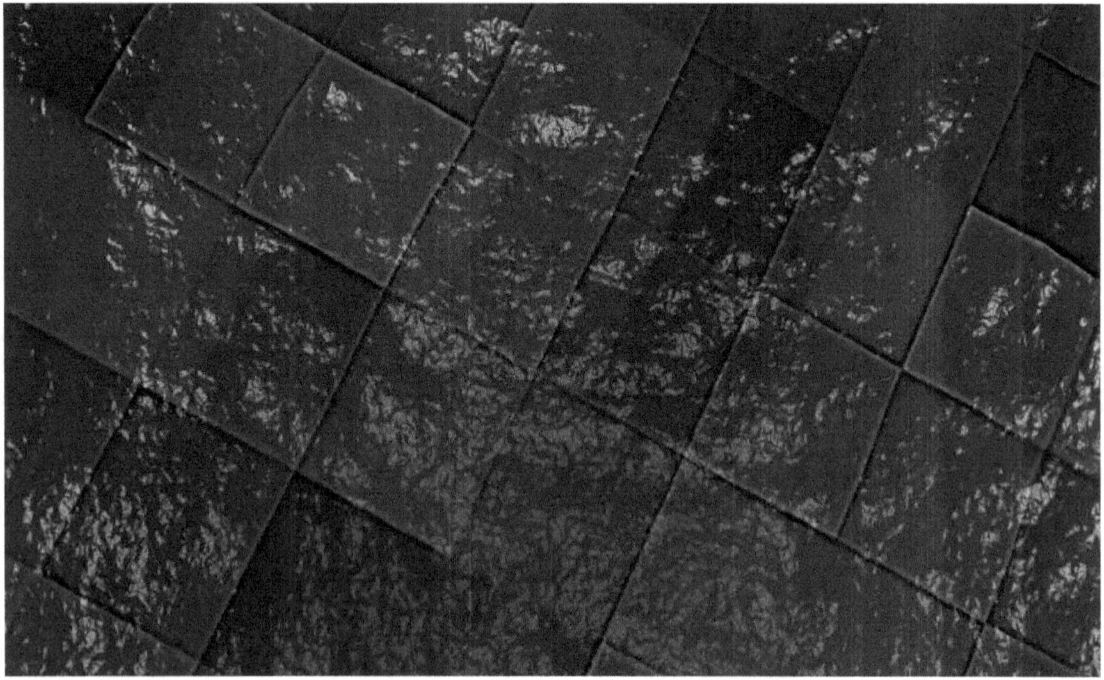

Las ondas electromagnéticas se descubrieron visualmente posteriormente a partir de los "Cristales del Infinito".

Secretos de Los Vientos

Nuestro mundo es una obra maestra conectada y multiversal de espacio, tiempo y materia paralelos, basada en nuestras vidas en la Tierra.

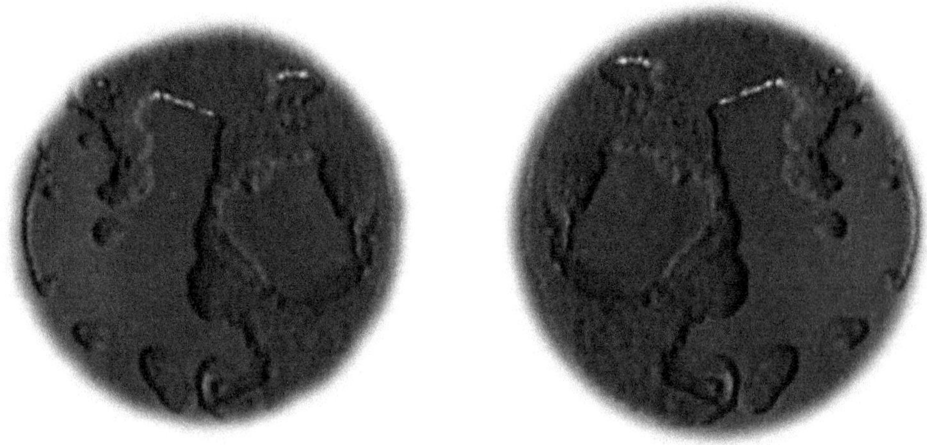

El molde de arena de 100 mts de la playa con el mapa del mundo parece la Tierra primitiva formándose infinitamente. La imagen se transformó digitalmente, otra experiencia inquietante durante este viaje.

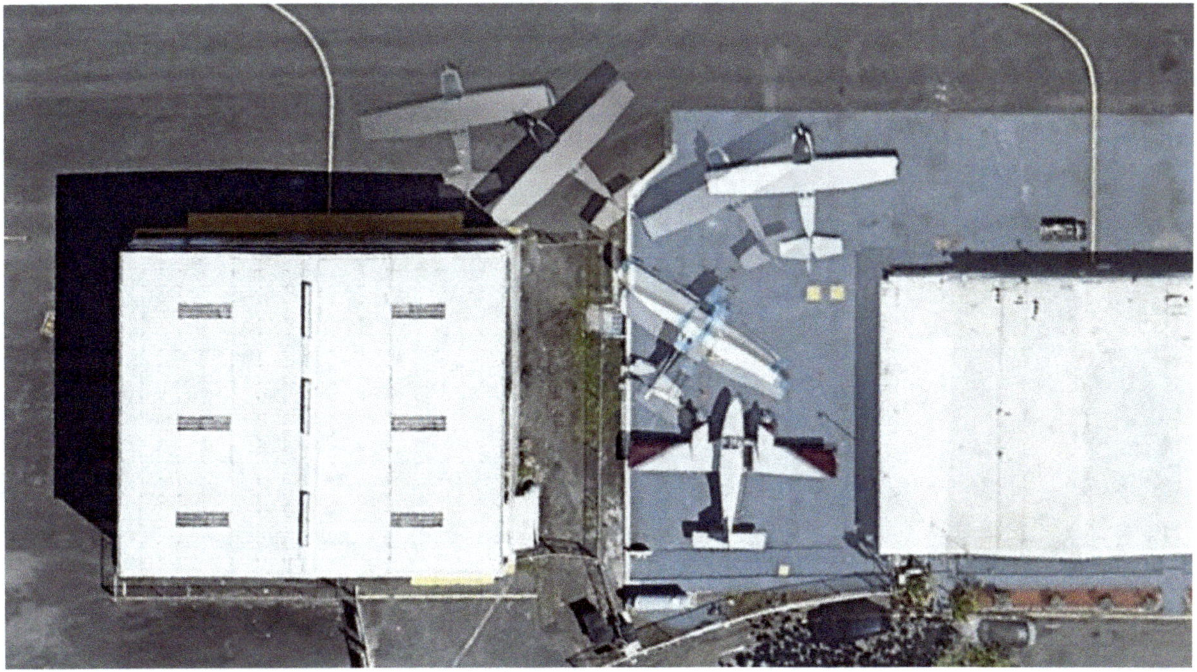

A un billón de kilómetros de distancia, desde las profundidades del espacio exterior hasta las llanuras del suroeste de Wyoming, esta es la especie maestra que hay que contemplar.

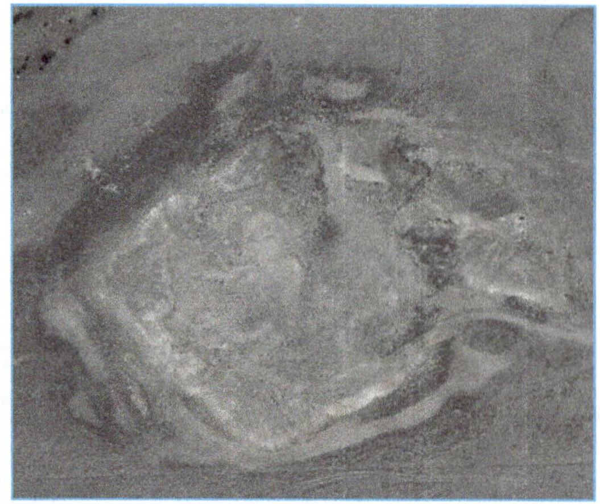

Las bocas, las placas y los ángulos de los objetos son el diseño exacto que impregna infinitamente un multiverso.

Las etapas de supercompactación son compartimentos segmentados, coloreados y con productos químicos distintos, que se combinan con la mezcla.

1 – Cono de Nariz *2 - Placa protectora* *3 – Cámara de pre-giro* *4 - Primer*

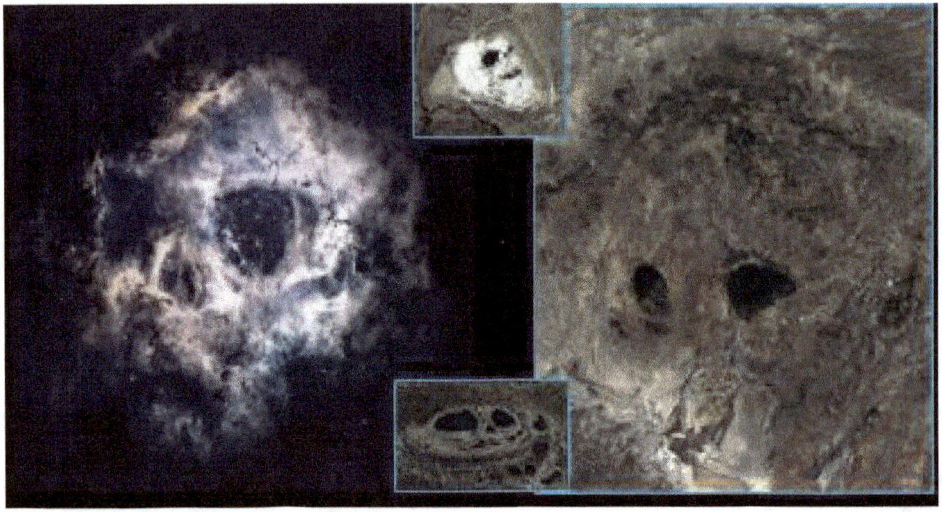

La Nebulosa Roseta (también conocida como Caldwell 49) es una región H II ubicada cerca de uno de los extremos de una gigantesca nube molecular en la región de Monoceros de la Vía Láctea.

Se ha observado que la nebulosa tiene una forma que recuerda a un cráneo humano y, en ocasiones, se la denomina "Nebulosa del Cráneo".

Las características del espécimen terrestre son innegablemente exactas en todos los aspectos, desde el ángulo de las cuencas oculares, el cráneo encajonado y el punto ápice, hasta la definición del arco superciliar.

Estas imágenes de Google Earth (derecha) revelan de forma espectacular el mismo procesamiento de superaleaciones que el de la nebulosa galáctica Alma, a 7.500 años luz de distancia.

La forma de corazón, los ojos, las curvas, los tubos frontales extensibles y las barras cefálicas son características de descubrimiento sorprendentemente coherentes con las funciones astrogeológicas.

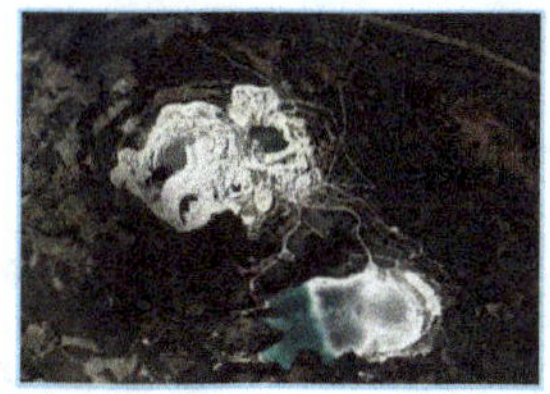

Westerhout 5 (Sharpless 2-199, LBN 667, Nebulosa Alma) es una nebulosa de emisión ubicada en Casiopea.

Ensamblaje, estadificación, replicación y propulsión con reactivación ilimitada. ¿Será este el inicio del Agujero de Gusano en la Vía Láctea?

Las imágenes de Google Earth están a 45.000.000.000.000 millas (45 billones) o 72.420.480.000.000 km de distancia.

La galaxia Montaña Mística se replica en este espécimen de 5 km de Utah. En toda su vasta gloria y misterio, la vida suprema se revela en funciones informativas que trascienden el tiempo y el espacio

La nebulosa Cangrejo, más redondeada, parece una captura de una fase temprana de desarrollo de un cohete angular y más definido en la nebulosa Tarántula, a la derecha.

Credits:

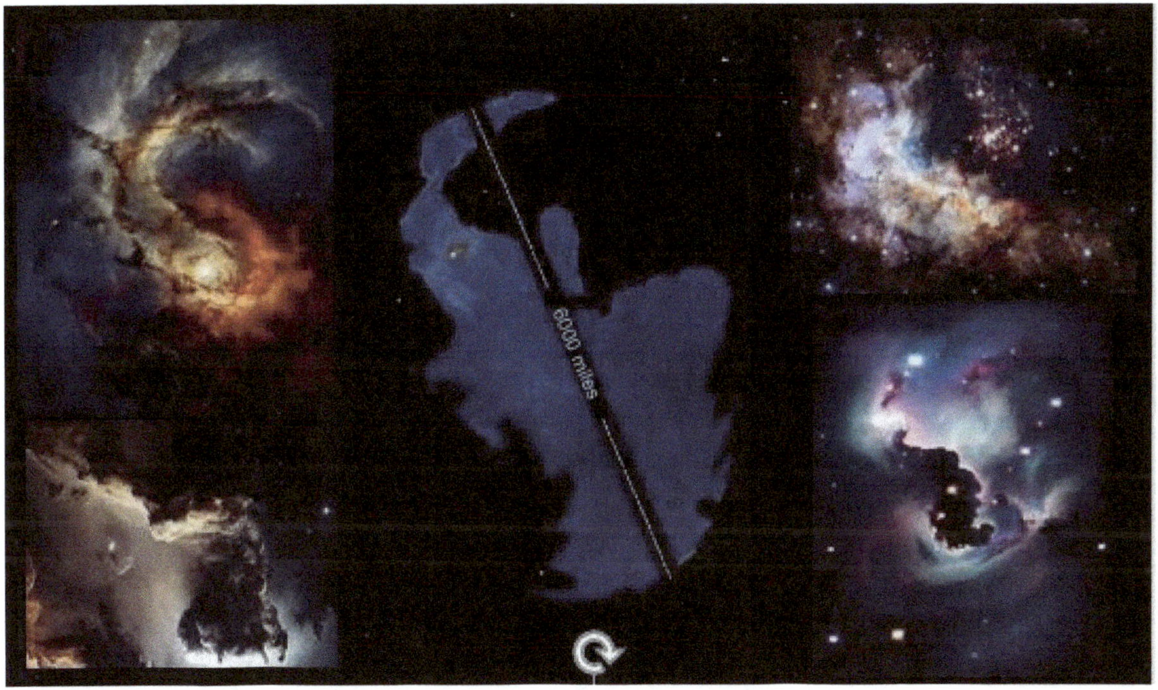

Las características más antiguas del fondo oceánico son los puntos de datos que mejor se correlacionan con el cosmos.

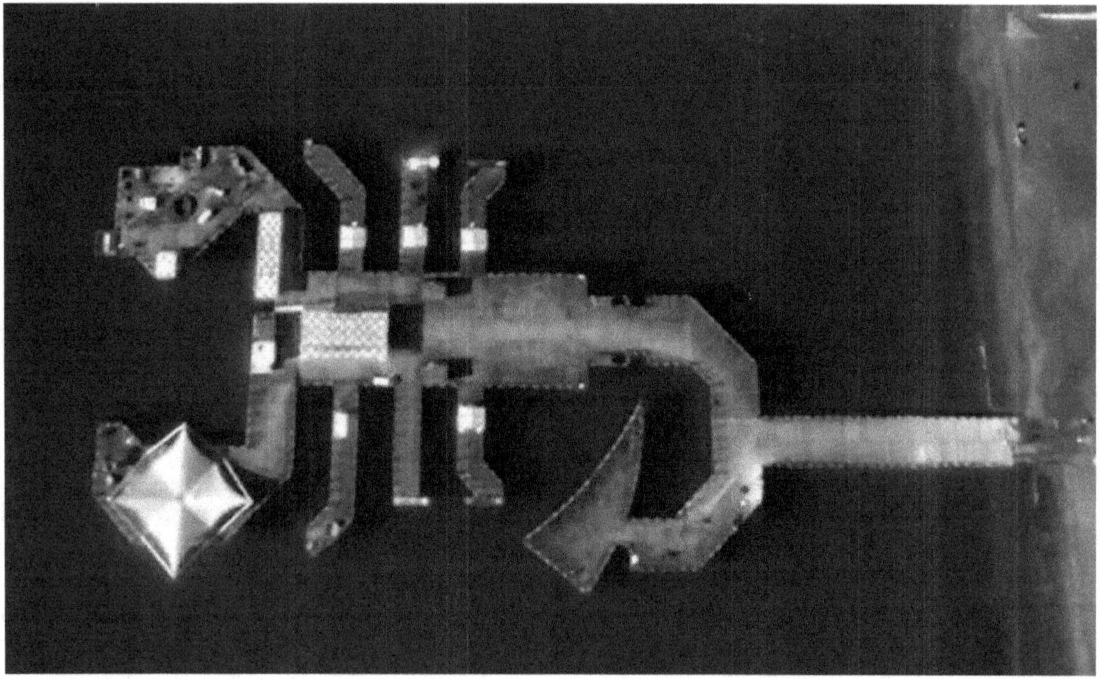

Crédito: Telescopio espacial James Webb, imagen de Rho Ophiuchi, la región de formación estelar más cercana a la Tierra, a solo 400 años luz de distancia, es decir, a solo 2.400.000.000.000.000 millas de distancia.

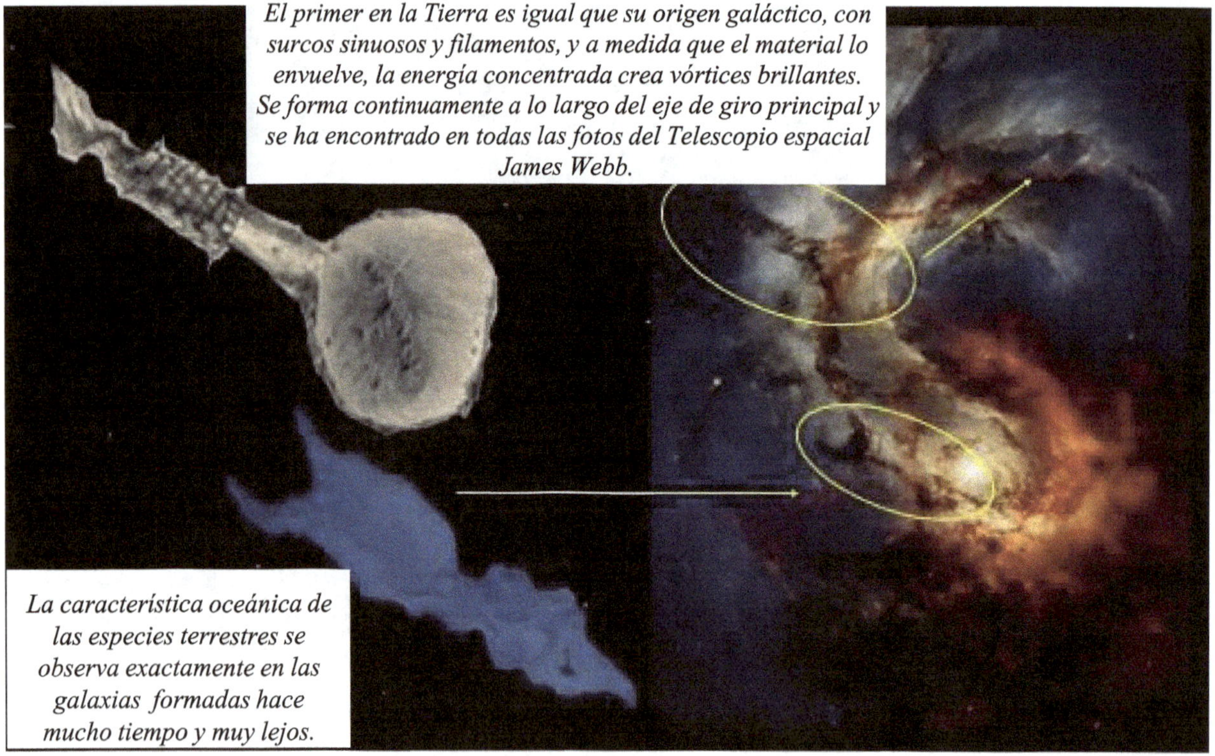
El primer en la Tierra es igual que su origen galáctico, con surcos sinuosos y filamentos, y a medida que el material lo envuelve, la energía concentrada crea vórtices brillantes. Se forma continuamente a lo largo del eje de giro principal y se ha encontrado en todas las fotos del Telescopio espacial James Webb.
La característica oceánica de las especies terrestres se observa exactamente en las galaxias formadas hace mucho tiempo y muy lejos.

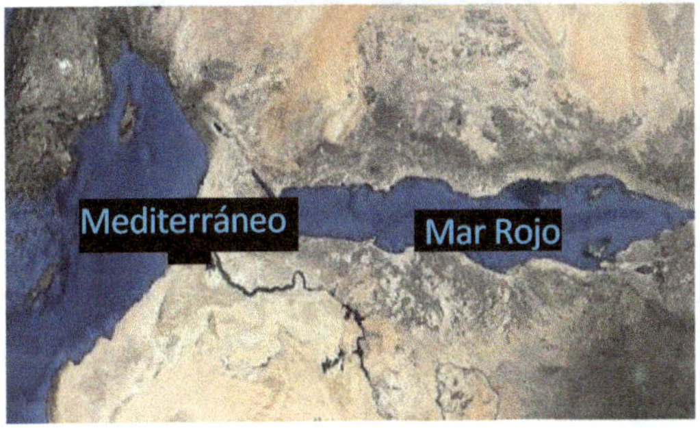

Desde la galaxia hasta nuestro sistema solar y la separación del Mar Rojo, esta es una importante evidencia astrogeológica del desarrollo y la replicación en la Tierra y otros planetas.

Este espécimen del Mar Rojo afecta principalmente a once (11) países, docenas de islas y dos mares.

Se seguirá extendiendo y replicando para propulsarse.

La especie se expande exponencialmente, activándose en el agua.

La cabeza, los ojos, el hocico y la cola eran las características más evidentes que se podían correlacionar.
Parece como si fuera el remanente de un capullo cósmico que envolvió a la criatura durante miles de millones, billones de años.

La supermateria, que se expande de forma masiva, repite el infinito en el espacio, el tiempo, las dimensiones y la escala.

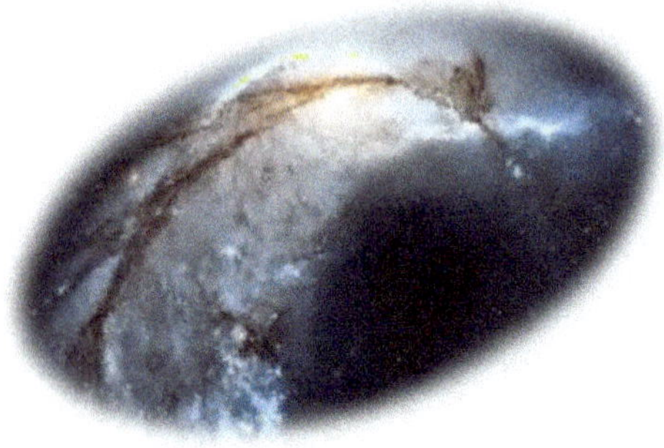

Crédito: NASA: ARP 142, a 23 millones de años luz, conocida como la "Galaxia Pingüino".

NASA Hubble; Montaña mística dentro de la nebulosa Carina

La aplicación "Big Bang".

Un espectacular campo de escombros se extiende por el espacio exterior y deja muchas pistas sobre los primeros indicios de vida en el universo.

A 8.500 años luz de distancia, la nebulosa Carina se encuentra a 51Q (cuatrillones) de millas terrestres.

Las explosiones marcan la trayectoria.

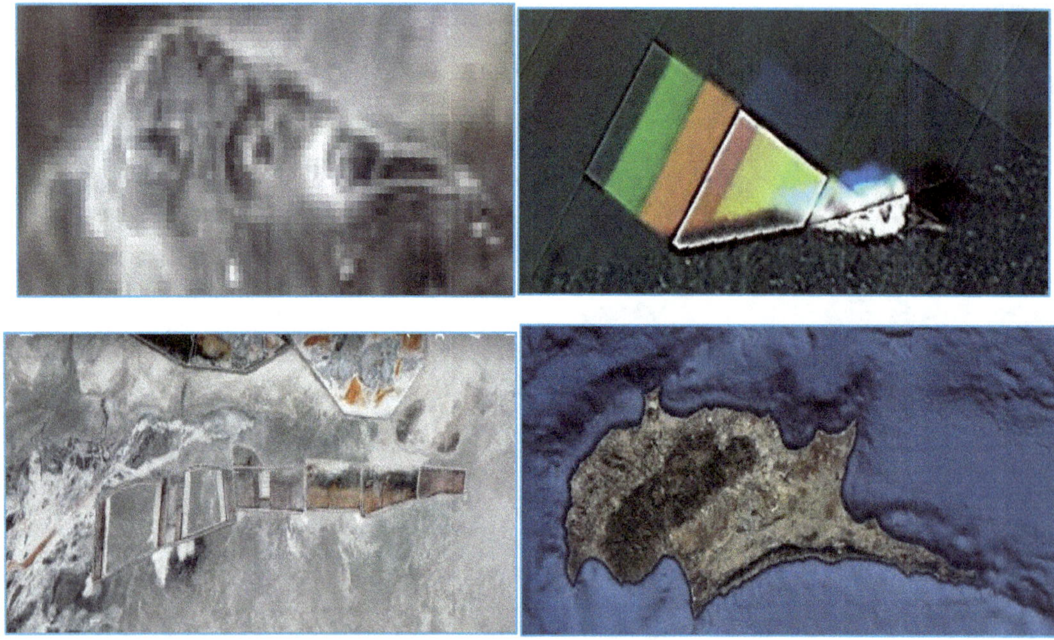

Los cohetes tienen colores distintivos, patrones sinuosos y segmentación de una superaleación avanzada de la física de la materia condensada y procesos de ciencia de materiales. Las secciones de la tapa se asemejan a la culata de un rifle .

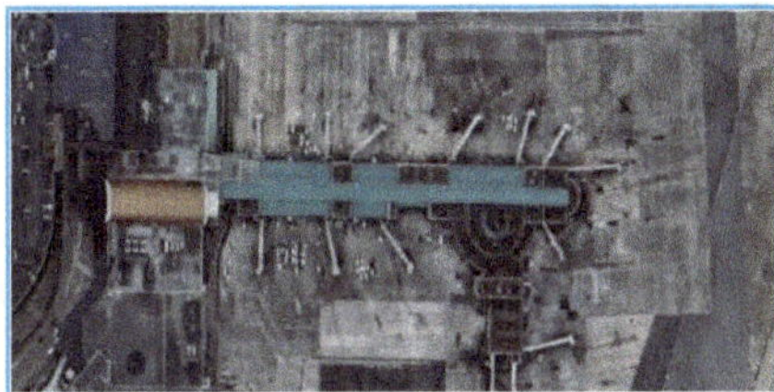

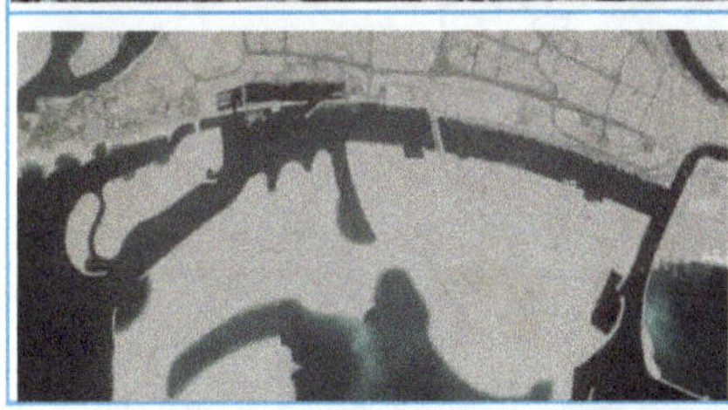

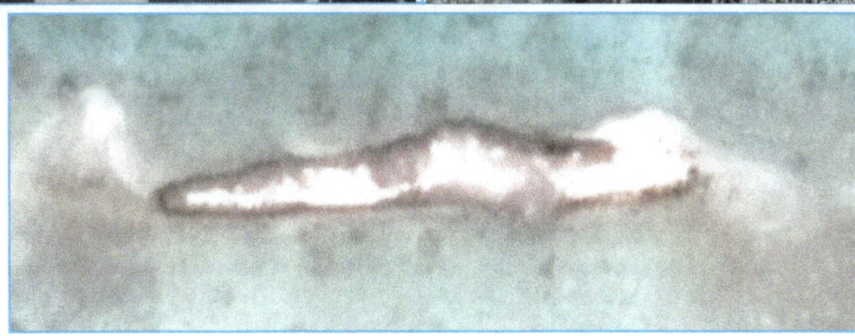

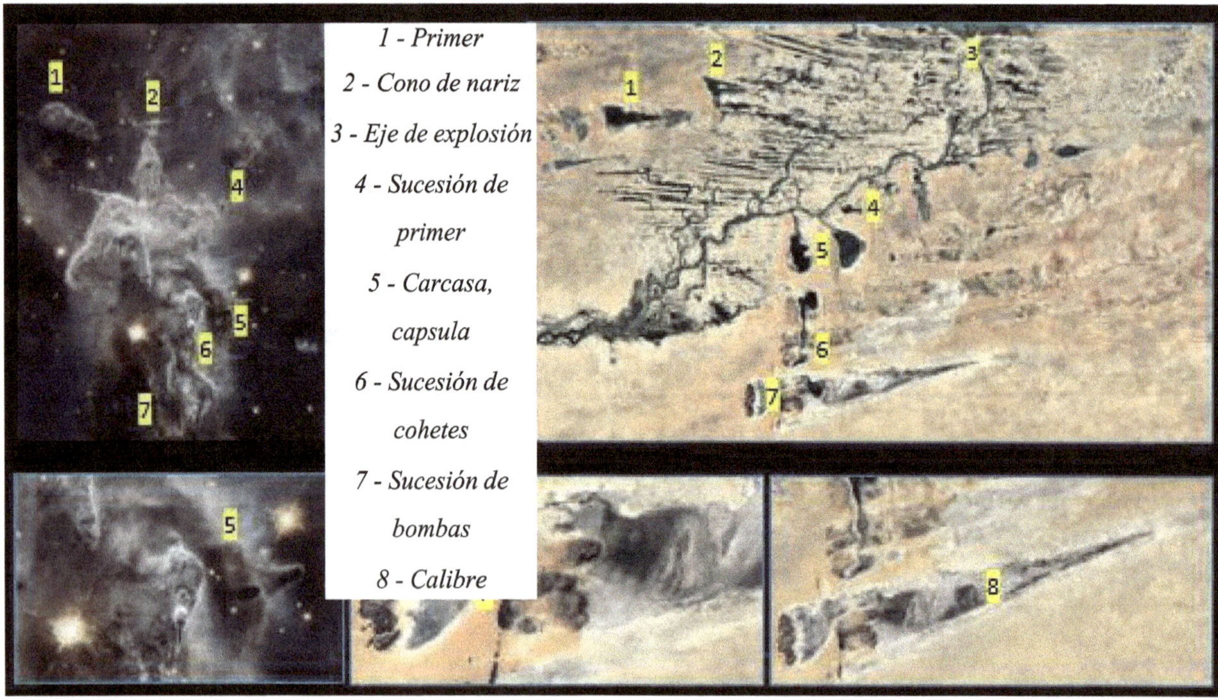
1 - Primer
2 - Cono de nariz
3 - Eje de explosión
4 - Sucesión de primer
5 - Carcasa, capsula
6 - Sucesión de cohetes
7 - Sucesión de bombas
8 - Calibre

Exterranium – el origen de la Tierra Cohete

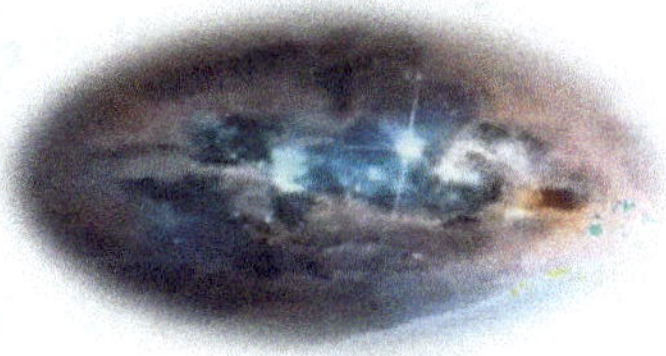

Una nebulosa masiva da lugar a un núcleo del cohete de cristal, resplandeciente, que se reactiva en una nueva atmósfera visible para el JWST de alta resolución.
¿Qué pensará ahora la NASA? Mantente atento.

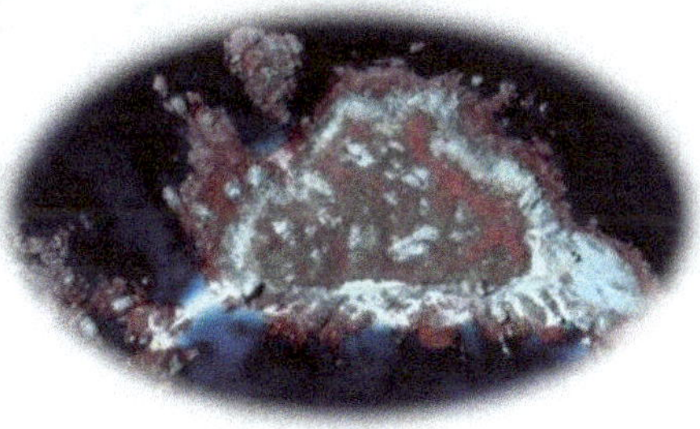

Créditos: JWST –NASA y otros.

El esqueleto de la especie astro muestra componentes de cohetes brillantes y coloridos: cono de nariz, patín/resorte de aterrizaje, escotilla de primer y cámara turbo del motor de cristal.

Identificar los elementos según sus funciones será un reto abrumador, ya que habrá que identificar los complejos compuestos de superaleaciones de nitrógeno, oxígeno, hidrógeno, helio, calcio, fósforo, magnesio, sodio, silicio, carbono, hierro, cobre, cobalto, níquel y más.

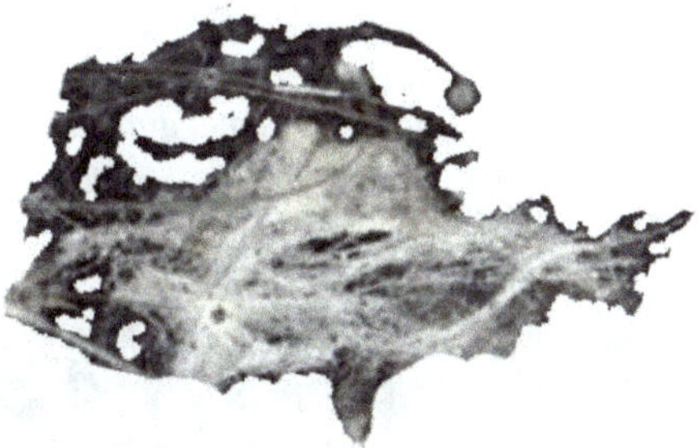

El primer cohete espacial masivo que llegó a la Tierra se perfeccionó hace miles de millones de años para viajar fácilmente a través de agujeros de gusano u otros astro-geovórtices que transportaban el agua de la Tierra bajo una supercompactación.

Se necesita más investigación para comprender si existen corredores de viaje espacial de tamaño ilimitado para explorar.

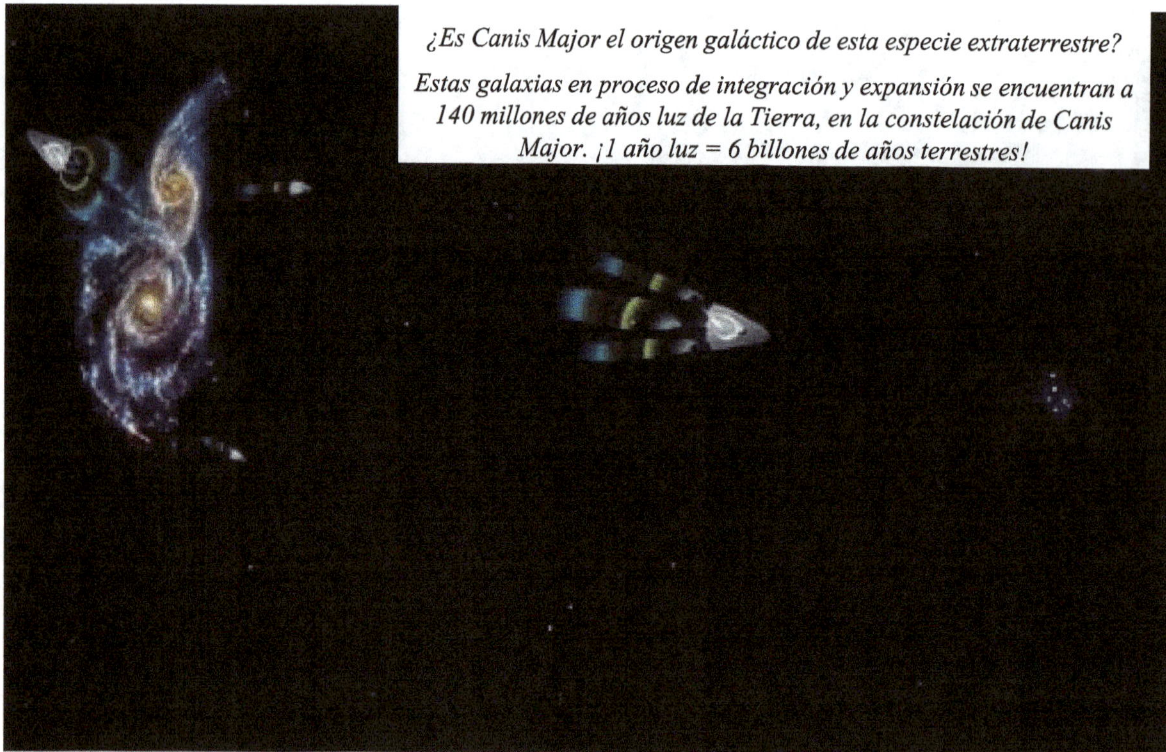
¿Es Canis Major el origen galáctico de esta especie extraterrestre?
Estas galaxias en proceso de integración y expansión se encuentran a 140 millones de años luz de la Tierra, en la constelación de Canis Major. ¡1 año luz = 6 billones de años terrestres!

Canis Major is a constellation in the southern celestial hemisphere. In the second century, it was included Canis Major es una constelación del hemisferio celeste sur. En el siglo II, fue incluida en las 48 constelaciones de Ptolomeo y se cuenta entre las 88 constelaciones modernas. Su nombre significa "Perro Mayor" en latín, en contraste con Canis Minor, el "Perro Menor"; ambas figuras se representan comúnmente siguiendo la constelación de Orión, el cazador, a través del cielo. La Vía Láctea atraviesa Canis Major y varios cúmulos abiertos se encuentran dentro de sus límites, entre los que destaca M41. Canis Major contiene a Sirio, la estrella más brillante del cielo nocturno, conocida como la "estrella del perro". Es brillante debido a su proximidad al Sistema Solar y a su luminosidad intrínseca. Por el contrario, las otras estrellas brillantes de la constelación son estrellas muy distantes y de gran luminosidad. Con una magnitud de 1.5, Epsilon Canis Majoris (Adhara) es la segunda estrella más brillante de la constelación y la fuente más brillante de radiación ultravioleta extrema del cielo nocturno.

Créditos: 1) Imagen del Telescopio Espacial James Webb del 7-8-24 de un par de galaxias interconectadas: NGC 2207 e IC 2163.

2) Canis Major. (17 de julio de 2024). En Wikipedia. https://en.wikipedia.org/wiki/Canis_Major

La estancia de la vida extraterrestre

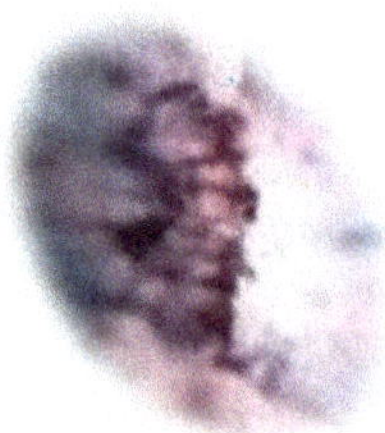

Exterranium

Núcleo interno de la nebulosa Mariposa, con un tamaño de billones de kilómetros.

NGC 6302; Hubble, NASA.

4.000 años luz = 24QD millas terrestres,

estimación > 14 Miles de millones de años.

Isla de Pascua,

Moi Estimación >

2 Mil millones de

años

Exterrangia

Océano Antártico

1.500 millas de

largo, estimación 5

Mil millones de años

Exterran Infinitas Giganteus

Isla griega, 2017

Estimación > 2 Mil millones

de años

El Fin

Sobre el Autor

Johnny Tesone es originario de Colorado, geólogo, pescador con mosca, golfista y exatleta estrella. Graduado por la Universidad de Wyoming (1985, Licenciatura en Geología) con una beca completa de fútbol americano, Johnny pasó del campo de juego a la vanguardia de las ciencias de la Tierra tras sufrir una conmoción cerebral que puso fin a su carrera deportiva. Comenzó su trabajo como Mud Logger en los yacimientos petroleros de las Montañas Rocosas y pasó más de cuatro décadas liderando proyectos innovadores de ciencias de la Tierra y IT para importantes empresas globales.

Conocido por sus agudas observaciones de campo y su curiosidad incansable, Johnny combina la ciencia con la intuición espiritual. Cree que ha reencarnado para explorar el espacio profundo y las Tierras paralelas a través de las dimensiones del tiempo. Sus descubrimientos tienen como objetivo empoderar a la próxima generación para resolver los retos globales críticos – aprovechar el agua dulce, cultivar superalimentos y comprender las fuerzas que impulsan el cambio climático real.

Johnny Tesone

www.ingramcontent.com/pod-product-compliance
Lightning Source LLC
LaVergne TN
LVHW082024051026
849532LV00011B/3263
* 9 7 9 8 8 6 9 1 9 6 4 1 5 *